U0151518

中國茶酒文化

CHINESE CULTURE OF TEA LIQUOR

主　编◎张士康　沈才洪　王旭烽

中国轻工业出版社

图书在版编目（CIP）数据

中国茶酒文化 / 张士康，沈才洪，王旭烽主编. — 北京：中国轻工业出版社，2022.10

ISBN 978-7-5184-3916-4

Ⅰ. ①中… Ⅱ. ①张… ②沈… ③王… Ⅲ. ①茶文化—中国 ②酒文化—中国 Ⅳ. ①TS971

中国版本图书馆CIP数据核字（2022）第046875号

责任编辑：贾　磊　　责任终审：劳国强
整体设计：锋尚设计　　责任校对：吴大朋　　责任监印：张　可

出版发行：中国轻工业出版社（北京东长安街6号，邮编：100740）
印　　刷：鸿博昊天科技有限公司
经　　销：各地新华书店
版　　次：2022年10月第1版第1次印刷
开　　本：720×1000　1/16　印张：17.5
字　　数：280千字
书　　号：ISBN 978-7-5184-3916-4　定价：168.00元
邮购电话：010-65241695
发行电话：010-85119835　传真：85113293
网　　址：http://www.chlip.com.cn
Email：club@chlip.com.cn
如发现图书残缺请与我社邮购联系调换
211526W2X101ZBW

《中国茶酒文化》编委会

主编简介

张士康　工学博士、教授级高级工程师，中华全国供销合作总社杭州茶叶研究院学术委员会主任。主要从事食品资源开发、茶资源高效利用及产业运作相关科技工作。近十年来，主持或参与“十一五”“十二五”国家科技支撑计划项目、“十三五”国家重点研发计划项目、国家农业成果转化工程项目、省部级农业成果转化工程项目及企业委托科研技术工程项目等40余项。获授权国家发明专利13项，获中国商业联合会科技进步特等奖1项、一等奖3项，浙江省科技进步奖二等奖2项，编著《中国茶产业优化发展路径》《调饮茶理论与实践》，发表学术论文50余篇。

沈才洪　博士生导师、教授级高级工程师、四川省学术和技术带头人、首届“天府工匠”、首届“中国酿酒大师”、首批国家级非物质文化遗产项目代表性传承人、全国劳动模范。现任泸州老窖股份有限公司副总经理、总工程师，国家固态酿造工程技术研究中心主任。提出了“让中国白酒质量看得见”的质量理念，不断追求卓越品质，成功开发了全国知名高端白酒——“国窖1573”酒，获得省级以上科技奖项20余次。主持和参与制定国家标准11项、行业标准5项，获得发明专利40余项，发表论文190余篇，出版著作3部。

王旭烽　第五届茅盾文学奖得主，四次获中宣部“五个一工程”奖，国家一级作家。浙江农林大学教授、茶文化学科带头人，茶学与茶文化学院名誉院长，中国国际茶文化研究会理事，浙江省茶文化研究会副会长。全国宣传文化系统首批“四个一批”人才，国务院特殊津贴获得者。自1980年开始进行文学创作，迄今共发表1000多万字，作品涵盖小说、散文、戏曲、话剧、随笔等。

序一

PREFACE 1

我国是茶的故乡和茶文化的发祥地，茶是传承中华文化的重要载体和“一带一路”贸易交流的重要商品。茶业是推动乡村振兴、促进农民增收的支柱产业和民生产业、建设生态农业的乡村特色产业、改善人们生活品质的健康产业。中国是茶叶生产大国，种植面积、产量、产值和消费量均居世界第一，据中国茶叶流通协会统计，2021年，全国茶园面积4896.09万亩，茶叶产量达306.32万吨，但目前仍处于依靠发展面积和产量提升效益的模式，全国茶产业面临着共性发展问题：资源如何规模化增值利用？在保持原有消费市场份额下，如何开辟或引导新的规模化消费？本人坚信，茶叶精深加工及跨界产品开发是茶产业转型升级、跻身万亿产业的重要突破口。食品产业作为我国第一大产业，未来仍将平稳增长，产业规模稳步扩大，继续在全国工业体系中保持“底盘最大、发展最稳”的基本态势。随着经济水平的提高，大健康产业蓬勃发展，国民对健康食品、安全食品的诉求不断加强。茶作为公认的健康饮品，具有抗氧化、抗炎、抗“三高”（高血压、高血脂、高血糖）等保健功效，将其应用于食品，不仅赋予食品茶的健康属性、风味，也是茶资源增值利用的主要抓手。

文化是产业发展的根基。万丈豪情三杯酒，千秋伟业一壶茶。中华全国供销合作总社杭州茶叶研究院与泸州老窖股份有限公司合作创制的茗酿茶酒，就是茶资源深加工增值利用与跨界开发的典型成功案例。承载着茶人、酒人豪情伟业的茶酒产品不断深入人心，背靠博大精深的中国茶文化与酒文化，在张士康教授、沈才洪大师、王旭烽作家三位不同行业、不同领域专家的倾力合作下，《中国茶酒文化》应运而生。本书在文化方面，引经据典，全面梳理、溯源了茶酒的起源与变迁；在科技方面，基于国内外研究前沿，客观阐明了茶酒的酿造工艺、有效成分及健康功能；在产业方面，通过实践调研，分析研判了茶酒产业发展现状、趋势及不足之处，并给出产业发展的指导性意见。本书是迄今唯一一部系统论述中国茶酒文化的著作，承载着中国茶文化与酒文化的内涵精髓，实现了“文化”“科技”“产业”的跨界融合，为中国茶酒文化的传承、延续，为茶酒产品重归大众视野、助力健康生活，为茶酒产业高起点、高质量发展提供借鉴和指引。

是为序。

中国工程院院士、湖南农业大学教授

刘仲华

2022年4月7日

序二
PREFACE　2

茗酿茶酒陶醉中华

茶之“全价利用，跨界开发”，于酒是指以茶做原料，制得“茗酿”这样的名酒，茶而酿成酒，酒由茶成，更是茶与酒的一段姻缘。到此，方是茶与酒亲密融合，实乃石破天惊，值得大书一笔。中国乃酒国，又是茶国，酒与茶各自发展，历史俱绵远久长。而今“茗酿”这样的名酒，酒依茶解，茶助酒浓，酒茶相知相伴，茶酒遂融入于中华酒文化而独开一支，不仅深深地影响着人们的日常饮食，还在中华精神文化之中发酵繁衍。

茶与酒相继被我们的祖先发现。5000年前的神农氏已经采摘茶叶作药用：“神农尝百草，一日而遇七十毒，得茶以解之”，是说神农尝百草之时得茶而解众多之毒。此句为清代《格致镜原》引述《本草》句，现虽无法确证为文献史料，但此句所指茶的解毒之功，已被现代科学所证实。茶之功至哉伟哉，一入药典，由饮料而成救命妙丹。酒的发明者，传说是约4000年前夏朝人仪狄。《战国策·魏策》载：“昔者，帝女令仪狄作酒而美，进之禹，禹饮而甘之，遂疏仪狄，绝旨酒。”如此说来，酒的酝酿是在茶之后，酒与茶尚未交集。

茶与酒循着各自的路径发展。到了约3000年前的周代，茶叶已成功地人工栽培，并由药用扩大到食用，用途在扩展。酒则有杜康发明的秫[①]酒，饮者众，且酗酒成风。《尚书》有《酒诰》之篇，谆谆以酒为戒。此时，茶与酒各自突飞猛进，深深地融入人们的社会生活。

① 秫（shú）：即高粱，是酿酒的好原料。

一

秦汉之前，茶是茶，酒是酒，茶与酒没有交集。清代学问家顾炎武《日知录》谓：“秦人取蜀而后，始有茗饮之事。”是指自秦汉始，茶由解毒之药成为饮品。而酒一直是相沿成习的饮品。茶与酒的交集，首先是三国时期人们发现茶可醒酒。秫酒甜美，饮者众，以致酗酒成风，便需要醒酒之物，由醉酒而吸引人们研究开发出茶的新功用：其饮醒酒。三国魏人张揖《广雅》记述：“荆巴间采叶作饼，叶老者，饼成以米膏出之。欲煮茗饮，先炙令赤色，捣末，置瓷器中，以汤浇覆之，用葱、姜、橘子芼[①]之。其饮醒酒，令人不眠。”不但说明了制作方法，而且发现了茶有醒酒的功效。

随后，三国时期吴的末代君王孙皓开启以茶代酒：“皓每飨[②]宴，无不竟日。坐席无能否，率以七升为限，虽不悉入口，皆浇灌取尽。（韦）曜素饮酒不过三升，初见礼异时，常为裁减，或密赐茶荈[③]以当酒”（《三国志·韦曜传》）。虽然不是将茶制成酒，但是已经从概念上由茶而代酒，使得二者结缘。

两晋南北朝时期，茶与酒共存，饮茶作为一种生活方式，已被主流社会承认，并从南方茶产区扩展到北方消费区。晋初人张载在《登成都白菟楼》诗中高唱：“芳荼冠六清，溢味播九区。”诗人比较“芳荼”与“六清”这两者，认为芳荼为冠。诗中所说“六清”即“六饮”。皮日休《茶经序》云：“案《周礼》酒正之职，辨四饮之物，其三曰浆。又浆人之职，供王之六饮：水、浆、醴[④]、凉（醇）[⑤]、医（醫）[⑥]、酏[⑦]，入于酒府。郑司农（玄）云：以水和酒也。盖当时人率以酒为饮，谓乎六浆，酒之醨[⑧]者也。”这就是说，在茶未进入饮用前，人们普遍把薄酒当作饮品。两晋南北朝300多年，是从“六饮”到茶饮的渐变时期。

---

① 芼（mào）：合煮为羹。
② 飨（xiǎng）：本义指众人相聚宴饮，引申为以酒食款待人，又引申为请人享用。
③ 荈（chuǎn）：指采摘时间较晚的茶。
④ 醴（lǐ）：为一种薄酒，曲少米多，一宿而熟，味稍甜。
⑤ 凉（醇）（liáng）：以糗饭加水及冰制成的冷饮。
⑥ 医（醫）（yī）：煮粥而加酒后酿成的饮料，清于醴。
⑦ 酏（yǐ）：更薄于“医”的饮料。皆由浆人掌管之。
⑧ 醨（lí）：薄酒。

当茶与酒同为人们喜爱，即已进入新的时代。“自从陆羽生人间，人间相学事春茶。”（宋・梅尧臣句）中唐时，由于陆羽《茶经》的广泛传播，饮茶之风盛行，“两都并荆渝间，以为比屋之饮”（《茶经・六之饮》）。可见此时从西都长安到东都洛阳，从今日湖北的荆州到今日的重庆，茶与酒成为人们喜爱的两大饮品。

茶宴、茶会与酒宴、酒会在唐代并辔[①]而行。茶宴、茶会起于唐朝，《茶事拾遗》记载大历十才子之一的钱起（字仲文，吴兴人）是天宝十年的进士，曾与赵莒为茶宴，又过长孙宅作茶会。……这次茶宴也是在竹林举行，但他们已不像魏晋名士聚于竹林“肆意酣饮”，而是茶代酒。至于茶会，钱起《过长孙宅与朗上人茶会》诗说：“偶与息心侣，忘归才子家。玄谈兼藻思，绿茗代榴花。岸帻[②]看云卷，含毫任景斜。松乔若逢此，不复醉流霞。”这种以茶代酒的茶宴，不仅清雅，还可以“不令人醉，微觉清思”。

中晚唐人王敷的《茶酒论》，是一篇以拟人手法写茶与酒争功的游戏文字，恰反映出人们既爱酒又爱茶的生活习性。文中在“茶”与“酒”各自一番争功后，最后“水”出来圆场：“两个何用争功，从今以后，切须和同。酒店发富，茶坊不穷。长为兄弟，须得始终。若人读之一本，永世不害酒癫茶疯。”提出“茶酒和同”的概念，指出只有酒与茶二者互为兄弟，方能长久。唐代文人中有许多“爱酒不嫌茶”，茶与酒二者得以并列。白居易“茶铛[③]酒杓[④]不相离”，其诗中经常茶和酒同时出现，如“闲停茶碗从容语，醉把花枝取次吟”（《病假中庞少尹携鱼酒相过》）、“春风小榼[⑤]三升酒，寒食深炉一碗茶”（《自题新昌居止，因招杨郎中小饮》）、“举头中酒后，引手索茶时”（《和杨同州寒食坑会》）。孟浩然则以茶代酒：“空堂坐相忆，酌茗聊代醉”（《清明即事》），说明这一时期的文人喜欢茶酒并提，或以茶代酒。

“宋代诗人杜耒的《寒夜》诗，有‘寒夜客来茶当酒，竹炉汤沸火初红’之句。诗中提到的‘茶当酒’是魏晋至唐宋间文学领域里很大的转变，这种转变所发生的

① 辔（pèi）：驾驭牲口用的嚼子和缰绳。
② 帻（zé）：古代的一种头巾。
③ 铛（chēng）：指温器。
④ 杓（sháo）：字义同“勺”。
⑤ 榼（kē）：古代盛酒或贮水的器具。

影响，不仅限于文学一隅。魏晋文化与隋唐不同，虽然有很多原因，但饮茶风气的普及，而且由于这种新饮料的流行，改变了当时的生活习惯，并且引起社会经济以及文化意识形态领域的变化，可能也是原因之一。”“隋唐以后，饮茶的风气渐渐普遍。唐宋时期的士人不仅脱离了魏晋狂放饮酒的风声，并将饮茶提升到诗情禅意的境界。这种境界的出现，由当时的社会文化形成，有其时代背景和意义，这又是另一个论题。但从魏晋时期的嗜酒，到隋唐以后的品茗，都是中国文化转变过程中一个重要历程，而且是非常缓慢与迂回的。”

二

入宋，茶与酒真似兄弟般相和，二者同时出现在文士雅士的宴饮群集上。宴集时酒、茶、汤等与歌舞结合，所谓“茶香酒熟，月明风细，试教歌舞”。这种宴游的风气从宫廷到民间都很热，宋徽宗习茶懂酒，比茶酒博士有过之而无不及，又知书爱画，以内行的身份举办过多次宴会，将茶酒画歌舞融汇，较详细记载的有四次。如政和二年（公元1112年），为庆祝蔡京回京，在太清楼那次，宾客来了以后，先是观看娱乐表演，然后进入太清楼。在宣和殿已摆好了精美的书画和古器，供大家观赏。在名为“琼兰”的侧楼里饮酒。酒过三巡，宋徽宗命人为宾客奉上用泉水点的新茶。安排的顺序是先饮酒，后啜茶，茶与酒先后出现。另有一次，在宣和元年（公元1119年），这次聚会的第一项活动，是在保和殿参观宋徽宗收集的文物珍品，宋徽宗亲自担任向导，介绍和评论每件藏品，茶是主角。据蔡京《保和殿曲燕》一文记载，宋徽宗还“赐茶全真殿，上亲御击注汤，出乳花盈面，臣等惶恐，前曰：‘陛下略君臣夷等，为臣下烹调，震悸惶怖，岂敢啜?’顿首拜。上曰：‘可少休。’乃出瑶林殿”。宋徽宗亲自动手为臣僚事茶，古今罕事。

宋代文人生活中，有辞赋酎酒，有丝弦佐茶，有桃李为友，有歌舞为朋。一般是酒筵之后茶宴，茶宴中宾客作茶词，以侑茗饮，歌伎向宾客点茶，这时歌唱茶词。茶宴中先饮茶，茶后有汤。宾客们又作汤词。在《全宋词》中，程垓、曹冠、李处全、周紫芝等都有茶词和汤词。程垓《朝中措・茶词》：

华筵饮散撤芳尊。人影乱纷纷。且约玉骢留住，细将团凤平分。一瓯看取，招回酒兴，爽彻诗魂。歌罢清风两腋，归来明月千门。

是先饮酒，后品尝团凤茶。

程垓又有《朝中措·汤词》：

龙团分罢觉芳滋。歌彻碧云词。翠袖且留纤玉，沈香载捧冰垍[①]。一声清唱，半瓯轻啜，愁绪如丝。记取临分余味，图教归后相思。

他们在华筵饮酒后，分团凤饮茶，意在留住客人吟诗唱词，亦可醒酒。茶罢唱后，饮汤意在送客。

两宋那些既嗜酒又爱茶的文士，喝酒、品茶在他们日常生活中有殊多妙趣，从他们的诗句中可有所感受："愁来问酒，困后呼茶"（陈三聘《朝中措》）。酒的功用是解愁，茶的特点乃解困，各有用场。"寒添沽[②]酒兴，困喜硙[③]茶声"（陆游《戏书日用事》），酒是用来御寒的，而茶的功用则同上，解困。"腊酒旋开浮绿蚁，春芽初破瀹[④]新泉"（李光《北园小集烹茗弈棋抵暮坐客及余皆沾醉》），饮用的是腊月新酒，品茗的是春日的初茶。这是最美好的结合，似乎认为这样的茶酒结合，最为惬意。"一枕睡余香未散，三瓯茶后酒初醒"（李纲《山居遣兴》四首之四），此处突出了茶的解酒功用，强调了茶与酒相辅相成，不可分离。

宋代的苏轼使得茶与酒紧密地结合起来。"且将新火试新茶。诗酒趁年华。"吟诗、饮酒、品茶是苏轼的生活常态，亦是他的生命活力所在。他因诗下狱，成了"罪在当诛"的囚犯，此后朝中老臣文彦博告诫他不要再写诗了，文同劝他"西湖虽好莫吟诗"，他却率性地说："诗从肺腑生。""岂知入骨爱诗酒。"苏轼"好把酒而不能饮"，在《饮酒说》中曰："予虽饮酒不多，然而日欲把盏为乐，殆不

① 垍（jì）：坚硬的土。
② 沽（gū）：买。
③ 硙（wèi）：磨，使物粉碎。
④ 瀹（yuè）：煮。有浸渍的意思。

可一日无此君。”他一生“身行万里半天下”，品尝各地名酒，还亲身酿酒待客。他撰有《酒经》，晚年曾亲手酿造过东坡蜜酒、真一酒、桂花酒、万家春、罗浮春等。苏轼又知茶、爱茶，会种茶，精茶艺。他说：“我官于南今几时，尝尽溪茶与山茗。”他爱茶至深，诗咏“从来佳茗似佳人。”他精于烹点末茶技艺：“精品厌凡泉。”讲究烹茶所用水：“活水还须活火烹。”还得要亲自操作：“磨成不敢付僮仆，自看雪汤生玑珠。”他贬谪黄州时，在取名“东坡”的荒地上栽种过桃花茶。苏轼以茶以酒入诗入词，使得酒诗中有茶，茶词中有酒，更显情趣横溢。宋神宗元丰元年（公元1078年），苏轼在徐州任太守。这年春旱，他往城东二十里石潭为民求雨，雨降后，又按民俗前去谢雨。道上作《浣溪沙》五首，其四下阙：

酒困路长惟欲睡，日高人渴漫思茶。敲门试问野人家。

谢雨归来途中，见枣花粉落，缫[①]车声响，穿着牛衣的农夫在柳树下卖黄瓜，乡间充满生机。不免因高兴而多喝了点酒，日高路长，加重了酒困欲睡，于是“漫思茶”，这一“漫”字，写出诗人似乎在不经意间自然生出思茶，且又漫溢急迫，只好“敲门试问野人家”了。

苏轼另有一首《行香子·茶词》：

绮席才终，欢意犹浓。酒阑时、高兴无穷。共夸君赐，初拆臣封。
看分香饼，黄金缕，密云龙。
斗赢一水，功敌千钟。觉凉生、两腋清风。暂留红袖，少却纱笼。
放笙歌散，庭馆静，略从容。

这首词记述了宴饮的全过程，有酒有茶，酒是兴致之初，茶乃宁静之结。酒阑兴浓的华美宴席刚结束，欢意未尽，兴致正高，茶宴开场了。拆开君赐龙茶的御封，这是一片饰有金缕的密云龙。点茶品饮之际，还玩了斗茶，然后歌舞唱词，直

① 缫（sāo）：把蚕茧浸在热水里抽丝。

至放笙歌散，宾朋从容散去，庭馆复归安静。

宋代黄庭坚也是一位醉客茶仙。“凤舞团团饼。恨分破、教孤令，金渠体净。只轮慢碾，玉尘光莹。汤响松风，早减了二分酒病。味浓香永，醉乡路，成佳境。恰如灯下，故人万里，归来对影。口不能言，心下快活自省。”这首《品令·茶词》写醺饮醉酒后，饮茶解酒的“快活”感觉。此刻，味浓香永的茶与让人微醺颓玉的酒，恰如万里归来的故人相遇。“汤响松风，早减了二分酒病”，酒欲醒时，“心下快活自省”。黄庭坚早年嗜酒，却又是宋代写茶词最多的，这些茶词大多是在宴集后写的。中年因病止酒，越加爱茶。他在崇宁元年（公元1102年）58岁时，被贬在黔州（今四川彭水）安置时回乡探望哥哥，作《新喻道中寄元明用觞字韵》诗：“中年畏病不举酒，孤负东来数百觞。唤客煎茶山店远，看人获稻午风凉。”因为怕生病，不敢喝酒，辜负了冬归后的好几百杯佳酿美酒。所以后来在黄庭坚的诗作中，他常把茶当作酒：

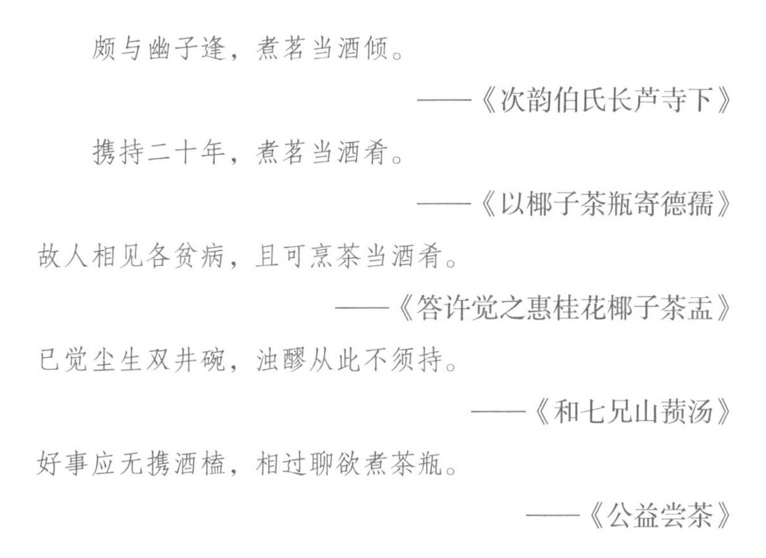

颇与幽子逢，煮茗当酒倾。

——《次韵伯氏长芦寺下》

携持二十年，煮茗当酒肴。

——《以椰子茶瓶寄德孺》

故人相见各贫病，且可烹茶当酒肴。

——《答许觉之惠桂花椰子茶盂》

已觉尘生双井碗，浊醪从此不须持。

——《和七兄山蓣汤》

好事应无携酒榼，相过聊欲煮茶瓶。

——《公益尝茶》

茶当成酒，茶与酒的角色已经互换，茶与酒已然浑然一体，“可烹茶当酒肴”，这是以茶制成茶酒的舆论先导。

黄庭坚作茶词多，咏茶诗也多。《全宋诗》有他作茶诗和咏及茶的诗120多首，其中晚年戒酒后多是茶当酒，以“且学潞公灌蜀茶”为乐，还告朋友“客来问字莫载酒”。

宋代的陆游更是将茶酒并论，茶追随着酒，酒发挥着茶。“舌根茶味永，鼻观酒香清。”“松寒诗思健，茶爽醉魂醒。”诗、酒、茶相伴陆游终生。南宋嘉定二年（公元1209年），陆游85岁高龄，于这年的除夕谢世。就从这一年来看，据《剑南诗稿》陆游作诗252首，其中咏及茶与酒的有79首。他说：“我生寓诗酒，本以全吾真。”一生寓于诗酒之中，酒和茶分明刻画出一个本真的陆游。他热爱家乡，家乡既有酒又有茶，最是美好，他喜欢家乡的香茶美酒：“兰亭酒美逢人醉，花坞茶新满市香”（《兰亭道上》）。研墨作书，磨茶烹点，是他早年养成的生活习惯，直至晚年依然如此：“晨几手作墨，午窗身硙茶”（《秋日遣怀》）。饮酒则喜欢与客同饮：“酒熟固可喜，酒尽亦陶然。有客则剧谈，无客枕书眠”（《放言》）。而且喝则要喝得有点醉意：“经年都得几回醉，一雨顿惊如许凉”（《秋兴》）。陆游的一生，将茶酒相融。

三

明代在嘉靖（公元1522—1566年）以后，随着商品经济的发展和消费增长，社会奢侈风气渐渐明显，至清初因战争与天灾频仍，曾复返纯朴。此后，由于经济的逐渐恢复以及政局的稳定，又转向奢华。饮食消费的奢华是社会生活的一大特色，饮食更精致讲究，也带动了茶与酒的消费。在明清时期，许多文人就是宴饮的研究者与号召者，他们编纂了许多饮膳书籍，这些食笺、食单中几乎都有“茶类”“酒类”记载，明显地将二者相映成趣。

开头就是“茶类”“酒类”两部分者，乃明杨慎《升庵外集·饮食部》，分别辑录茶与酒的史料，包括一些名茶、名酒。

既论酒又论茶者，数明高濂《饮馔服食笺》，上卷有《茶泉类》，分述“论茶品”“煎茶四要”“试茶三要”“茶器”“论泉水”等14则。中卷有《酿造类》，分述“酒类”“曲类”，有桃源酒、香雪酒、碧香酒、黄精酒、白术酒、地黄酒、松花酒、菊花酒等共17品，有白曲、内府秘传曲方、莲花曲等共8品。高濂的心目中，论酒必当有茶，茶酒是不分的。

饮酒与饮茶的一致处，在均不可不用器，清李渔《闲情偶寄·器玩部》有“茶具”“酒具”两则。一则饮茶，一则饮酒，各自服侍不同，却又同归于一位主人的使用，酒与茶二者在主人身上合一。对于两种器具，李渔皆主张以适用为要，反对炫耀：“置物但取其适用，何必幽渺其说。”“酒具用金银，犹妆奁[①]之用珠翠，皆不得已而为之，非宴集时所应有也。”另在《饮馔部》有“不载果食茶酒说”一则：“果者酒之仇，茶者酒之敌，嗜酒之人必不嗜茶与果，此定数也。”将茶视作酒之敌人，是谓茶能克酒。茶与酒二者则相生相克，浑然一体。

将茶与酒一同欣赏的则有清人朱彝尊，其《食宪鸿秘》上卷《饮之属》有多个章节记述茶与酒。“酒”一节引录《本草纲目》等书记载酒之分类：酒之清者曰“酿”，浊者曰“盎”，厚者曰“醇”，薄者曰“醨”，重酿曰“酎”，一宿曰“醴”，美曰“醑[②]”，未榨曰“醅[③]”，红曰“醍”，绿曰“醽[④]”，白曰“醝[⑤]”。

有茶有酒，将茶酒二者集于一书中，得《茶酒单》者，乃清袁枚。其《随园食单》有“茶”一则，记述选茶、藏好水、煮水等法，并介绍武夷茶、龙井茶、常州阳羡茶、洞庭君山茶等名品。又有“酒”一节，袁枚谓：“余性不近酒，故律酒过严，转能深知酒味。今海内动行绍兴，然沧酒之清，浔酒之洌，川酒之鲜，岂在绍兴下哉！大概酒似耆[⑥]老宿儒，越陈越贵，以初开坛者为佳，谚所谓：‘酒头茶脚’是也。”以生动的比喻介绍金坛于酒、德州卢酒、四川郫筒酒、绍兴酒、湖州南浔酒、常州兰陵酒、溧阳乌饭酒、苏州陈三白、金华酒、山西汾酒等名品。

饮酒之先，必得享用清茶一杯，因之茶坊与酒坊共在。清顾禄《清嘉录》所记吴地岁时民情风俗就有此风俗。书中附录《桐桥倚棹[⑦]录》卷十《市廛[⑧]》，有“酒楼”一节，记虎丘一带酒楼“客至则先飨以佳茗，此风实开吴市酒楼之先，金阊园馆，所在皆有。”“虎丘茶坊”一节，记茶坊“多门临塘河，不下十余处。皆筑危楼

---

① 奁（lián）：古代妇女梳妆用的镜匣。

② 醑（xǔ）：美酒。

③ 醅（pēi）：没有过滤的酒。

④ 醽（líng）：〔醽醁〕美酒名。醁（lù）。

⑤ 醝（cuō）：白酒。

⑥ 耆（qí）：本指六十岁的老人，后为对老人的通称。

⑦ 棹（zhào）：桨。

⑧ 廛（chán）：古指一户人家所住的房屋。

杰阁，妆点书画，以迎游客，而以斟酌桥东情园为最。”“费参诗云：过尽回栏即讲堂，老僧前揖话兴亡。行行小幔邀人坐，依旧茶坊共酒坊。”

清王士雄《随息居饮食谱》，在《水饮类》有“茶”“酒”专节。“酒”一节中记述了诸多防病健身药酒方——愈风酒方、喇嘛酒方、健步酒方、熙春酒方、固春酒方、定风酒方等。

茶需上水，酒在于“陈”。清顾仲《养小录》，卷之上《饮之属》，有“论水”“论酒”两节。“论水”记述青果汤、暗香汤、茉莉汤、桂花汤等汤品。“论酒”突出一个“陈”字：“酒以陈者为上，愈陈愈妙。”“如能陈即变而为好酒矣。是故陈之一字，可以作酒之姓矣。或笑曰：敢问酒之大名尊号。余亦笑曰：酒姓陈，名久，号宿落。”

四

当代对茶酒文化的搜集、整理和研究有突出成就者，唯胡山源先生。他不会喝酒，简直涓滴不尝，赴人家的宴会，酒不沾唇，吃人家的喜酒，唇不沾酒，甚至自己结婚，也没有尽人事，未和别人碰过一杯。然而他自信自己是真能知酒的。他说：“我之所以能真知酒，有两个原故。一个是我有两个最要好的酒友。”“第二个原故，是因为我嗜好文学。在文学里面，正有不知多少说酒、谈酒，并且颂赞酒的作品。它们都是好文字，我读着它们，真有些口角流涎，在不知不觉间，我就真正知道了酒。”1939年，他的《古今酒事》由世界书局出版。1986年6月，上海书店影印重版。他为重印题词：

埋愁无地，倚醉有缘，于是有《古今酒事》之作。
今重印，不禁感慨系之。爰[①]吟短什，以展长怀：
不胜一蕉叶，徒了酒中趣。
耄耋[②]逢盛世，飞觥应无数。

① 爰（yuán）：于是。
② 耄耋（mào dié）：耄，年纪为八九十岁；耋，年纪为七十岁。耄耋指年纪很大的人。

胡山源对于茶，虽然不至于像对于酒那样，绝对不喝，却也喝得很少。他所喝的，就只是开水，而且更喜欢冷开水，哪怕是冬天。他说："冬天喝冷开水，其味无穷，并不下于夏天的冰淇淋。假使你不相信，请你尝尝看。"他就因为有了《古今酒事》，在茶酒不相离的关系之下，本着述而不作的成法，又完成了一本《古今茶事》，1941年，由世界书局出版。1985年6月，上海书店影印重版。他为重印《古今茶事》作：

只喝白开水，茶事不兑现。
昔日为无聊，今朝似有见。
闲庭忙碌甚，洗杯烹蟹眼。

五

茶有茶韵，酒存酒味，于酒于茶中体味人生，是茶与酒为中国人所爱的原因。明代陈继儒说："热肠如沸，茶不胜酒，幽韵如云，酒不胜茶，酒类侠，茶类隐，酒固道广，茶亦德素"。在中国人的内心中，借酒酣畅，追慕侠客豪情；品啜香茗，静心悟道，感悟隐士雅逸。这种内心的体验，与孟子"穷则独善其身，达则兼济天下"的人生理想亦是相合。茶与酒，乃身外之物。人们日常相伴，均不是生活必需品。但茶与酒既然是饮食之对象，则与人生仪礼风俗密切相融。奉茶之先后，品茶之礼仪，以酒祭祀天地，把酒敬奉尊长，茶与酒渗透着文明之风，茶与酒都是沟通人际交流之物，茶与酒皆是政治风向之标。《礼记·大学》："格物致知，诚意正心，修身齐家治国平天下"。人们"格"茶酒之物，而省其身，持戒口腹之欲，掌控饮食之度，在清醒与酣畅之间，畅意人生，升华生命，感悟人生大道。

中国是茶酒之国，茶甘酒香为人们增添无限生活乐趣，人们嗜酒爱茶，情之所寄，爱在心头，文人雅士创作了大量茶事酒事艺文作品，并在品享之中形成茶风酒德。

新世纪，茶之"全价利用，跨界开发"，用茶做原料，而成酒，是完成了茶与酒的完美结合，古人所朦胧设想的茶酒于今日始成事实。今时之茶酒，或以茶叶为主料酿制或配制而成的各种饮用酒；或以茶类产品为主要原料，经生物发酵、过滤、陈酿、勾调而成的新一代风味型酒；或以茶叶为主要原辅料，与制酒原料相结合，经过发酵或者配制而成的各种饮用酒；或以市售茶叶为主要原料，通过浸泡、酶解、过滤、灭菌、发酵、蒸馏得到具有茶香，口感爽净，富含茶多酚的发酵酒；或以茶叶为主要原料，经直接浸提或生物发酵、过滤、陈酿、勾调而成的一种具有功能性的饮料酒；或以发酵酒、蒸馏酒等为酒基，加入茶叶或以茶叶为主要原料经蒸馏、萃取等工艺得到的茶叶提取物，进行调配、混合或再加工制成的、已改变了其原酒基风格的饮料酒，林林总总，茶酒所成，魅力无限。

"茗酿"，知名之佳酿，横空出世，茶与酒亲密融合为一体，创成新品，芳香纯真，韵味绵长。"茗酿"推动茶酒文化结出新果，绵延不绝，在新的时代发出了新的光芒。

江南大学文学院原院长、教授

徐兴海

2022年2月25日

参考文献

[1] 张士康. 全价利用 跨界开发——中国茶产业优化突破有效路径探索[J]. 中国茶叶加工，2010（2）：3-5.

[2] 逯耀东. 寒夜客来茶当酒——魏晋隋唐间茶酒文化转变的历程[M]. 台北：茶艺文化学术研讨会专刊（抽印本），1993：61-73.

目 录
CONTENTS

绪论

INTRODUCTION

天地同育的茶酒

——构建饮料的命运共同体

茗酿

品饮的意义究竟有多深远？唐代茶圣陆羽（公元733—804年）在《茶经·六之饮》中有过明确的表达："翼而飞，毛而走，呿[1]而言，此三者俱生于天地间。饮啄以活，饮之时义远矣哉。"意思是说：禽鸟有翅而飞，兽类毛丰而跑，人开口能言，这三者都生在天地间，依靠饮与食来维持生命活动，饮的意义是多么深远啊。

茶圣陆羽曾这样说，并很清晰地认为饮品各司其命，"至若救渴，饮之以浆；蠲[2]忧忿，饮之以酒；荡昏寐，饮之以茶（《茶经·六之饮》）"。人体70%为水分，没有水就没有生命，故为生命延续则要喝水（浆）——"救渴"指向的是人物理生命存在问题；而酒则供精神慰藉，为消愁解闷，则要喝酒——"蠲忧忿"指向的是人的精神世界，直接面对人的灵魂问题；茶可助身心健养，为涤荡昏瞌，则要喝茶——荡昏寐指向的是人的身心双恙问题。肉体的健康存在，灵魂的苦难解脱，身心的灵肉和谐，都全靠品饮了，意义之深远不言而喻。

品饮的意义，其实可延伸得更为广大深远与全面，宋代苏东坡（公元1037—1101年）用几句词行就道出真谛："……寒食后，酒醒却咨嗟。休对故人思故国，且将新火试新茶，诗酒趁年华。"（《望江南·超然台作》）——寒食节过了，酒醒后叹息惆怅，罢了，不要在老朋友面前思念故乡，姑且点上新火，烹煮一杯刚采的新茶，作诗醉酒都要趁韶华尚在啊！

这首写于公元1076年的感怀之作，用了一个"茶"字，两个"酒"字，先酒后茶，不悔酒醉，因为有酒方有诗，而诗言志，直击心灵。从中我们看到了茶与酒在人间共生共存的跨度，人类的精神疆域有多远，茶与酒的价值跨度便也有多远。在任何的情绪节点上，中国人都是离不开茶与酒的，不管忧忿还是欢乐，惆怅还是满足，狷收还是狂放。

我们须知何为酒，何为茶。酒的本义是指用粮食、水果等含淀粉或糖的物质发酵制成的含乙醇的饮料，也可引申为动词，指饮酒。而茶则为山茶科、山茶属的多年生常绿植物，茶饮料是指以茶叶的萃取液、茶粉、浓缩液为主要原料加工而成的饮料，是兼有营养、保健功效，是止渴提神的多功能饮料。

中国的茶与酒，从诞生开始就是复调式的，中国具备了这一套双重配对的同

---

① 呿（qū）：（口）张开。

② 蠲（juān）：积存（多见于早期白话）。

级国饮。这两种口感、质地、感觉如此相悖的饮品，共生互补，相对相伴，直到当今，不能不发人深省。

我们回顾思考，探寻其中奥秘，会发现茶与酒是国人的生活方式、更是生活智慧，其背后的文化内涵代表了中华5000年文化史中的生活方式和精神价值。与此同时，另有一种茶与酒的低调配制，很少在历史的宴席上陈列，但长久地活跃在饮料探索者和发烧友的作坊中。茶酒如何融合，如何以茶制酒、以酒融茶的奇思妙想，一直默默伴随着中华茶、酒文明的发展与进步。将好酒与佳茗融于一瓶，难道不也是天作之合，让默默无闻但从未停止努力的“茶酒”亮相于世，矗立于席，倾倒于杯，“茶”“酒”“茶酒”，三者共生，乱花渐欲迷人眼，岂不乐哉！

第一节 中国茶与酒的文化关系

酒和茶虽然形影相随，但因特质不一，精神导向并不一致，它们之间的区别十分明显。同时，它们亦有完全相同的功能和用度，故茶与酒出双入对，如胶似漆。总体而言，它们之间的关系则为取长补短、互通有无，甚或相克相生。

一、阴阳互补、动静相宜

一是它们有着不同的产品形态特质：中国酒尤其是白酒，从制作完成后就成为一种成品，无须饮酒人再次处理、加工即可品饮。而茶制作完时实际上是一种半成品，不能直接饮用，还有一个品饮的加工过程，是要饮茶人自己来解决的。

二是完全不同的口感：酒是醇厚、浓烈的，入口如饮一团火，在喉间燃烧，之后全身发热、出汗，初饮者周身如烤。茶入口微甜，回味甘甜，顺滑舒适，能解渴。如果说酒的感觉如太阳，那么茶的感觉就是月亮。

三是完全不同的饮后反应：喝酒适量让人心旷神怡，得意忘形，浪漫自由，诗兴大发，灵感迭出。喝茶总体都在一种舒适的感觉中，和谐愉悦、唇齿留香，激发灵感，吟出多少诗词歌赋。当然，两者都应有度，酒易醉人或会误事，饮茶过量亦会茶醉。人类生活需要和谐发展，饮酒品茶亦如是——既要开放，又要控制，“适可而止”，分寸有度。

四是完全不同的品饮习俗：中国人有劝酒习俗，而无劝茶习俗。劝酒习俗派生出五花八门的众多方式和技能，以“酒令”而被记载和流传。中华各民族劝酒方式丰富多彩，但几乎没有劝茶的，更无劝茶样式。

二、天地同育、传承共生

中华文化形态，是一种二进制式的文明演进。从“易”而推理出来的“阴阳”认知和实践，使我们的祖先崇拜，起始就以并列的两位始祖——炎帝和黄帝开始。就发明者而言，传说中炎黄二帝各为茶与酒的始祖，从而使作为炎黄子孙的中国人，起源便进入茶与酒的复调悠悠的长饮；就功能的药性而言，茶与酒起初都以药性见长，汉时司马相如的《凡将篇》即把茶作为药列入，而张仲景则以酒治好众多瘟疫病人；就礼仪形态而言，茶与酒是最经典的中华礼仪载体，是典型的器物即道的文化呈现，《周礼》中各有关于茶与酒的礼仪形态记载；就国家经济管理而言，唐代茶与酒就同时作为了国家税收制度管理的对象；就艺术形态而言，茶与酒的诗篇亦相随而出，尤以三国曹操的“何以解忧唯有杜康（《短歌行》）”和西晋杜毓的“灵山惟岳，奇产所钟……厥生荈草，弥谷被岗(《荈赋》)”为代表作，归纳起来有以下几个要点。

一为地位共尊。茶与酒的发明者都被后世冠以炎、黄二帝，一方面是要以此证明这两种饮品的至高无上性，另一方面是要证明这两种饮品之间地位的一致性，两者的平等至尊，意味着两种饮料的平等至尊。

二为原料同源。茶与酒都来自源于大地的植物，只不过酒为植物的果实、块茎等，而茶为植物的叶，从本质上说，它们都是素性的草木灵物。

三为制作工艺上相近。无论茶还是酒，都对水有着不可或缺的需求；它们的制作技艺也都包含着关键的发酵环节，它们的保存也有共性，包括温度、光照、空气与盛器。

四为精神一致。茶与酒都承担了礼仪的重要道器之用。尤其是在祭祀、待客、节庆之日，茶与酒都是缺一不可的存在。因此它们在各自内部也形成了等级化，甚至它们的盛器也因器以载道而区别鲜明，此处的酒与茶，完全成为拟人化的存在。

五为功能一致。茶与酒都有一定程度的药理功能。茶自诞生之初，就以药的形态进入人类身心，传说中的茶甚至救了炎帝神农的命。唐代陈藏器的“唯茶为万病之药”。而酒的药理功能更无须多证。传说中黄帝所造之酒，正是药酒。药酒也可说是在道家文化背景下诞生的酒类。“松下问童子，言师采药去，只在此山中，云深不知处”。师父采的正是泡酒的草药。

六为日常生活的必需。茶与酒都是中国人日常生活中的饮料，小至家宴，大至国宴，这两种饮料必然相依相伴，上茶，上酒，再上茶，这样一个秩序，在任何宴会上都不会错，而且缺一不可。

七为国家税收重要来源。茶与酒都成为国家经济税收中的重要来源，都在唐代时成为正式的国家税收管理对象，对国家经济建设起到了不可替代的作用。

八为文学艺术灵感的共同触点。茶与酒都构成了缪斯的形象，成为文艺家眼中的美，并由此创作出了大量的文艺作品，从诗歌、散文、小说、音乐和美术等。

第二节 茶酒诞生的必然性

中国人的思维是“易”的思维，即变的思维，是你中有我我中有你的演变。我们一方面渴望酒的极致，另一方面享受茶的中庸，一种调和的形态就此诞生。故，茶酒的诞生具有历史发展、科技进步、哲理互搏的必然性，逐步探寻茶与酒逐渐演变出“茶酒”的基本路径，将是当今科技时代下应运而生的新课题。

一、神秘北纬30度的共育

北纬30度地质带，主要是指北纬30度上下波动5度所覆盖的范围。这是一条神秘又奇特的纬线，它贯穿了古巴比伦、古埃及、古印度和中国四大文明古国，存在着许多令人费解的神秘现象和文明信息。人类古文明在这条黄金之线上发展，埃及的尼罗河、伊拉克的幼发拉底河、中国的长江、美国的密西西比河，均是在这一纬度线入海，而且埃及金字塔、珠穆朗玛峰、传说中的大西州、马里亚纳海沟、死亡谷和空中花园等奇特景观都在这条线上。同时，在这条神奇的纬线附近，也是酒与茶的黄金产区，诞生了许多闻名于世的美酒和佳茗。

好山好水酿好酒，高山云雾出好茶。我国有60多种茶叶产生于此，中国十大传统名茶中，碧螺春、信阳毛尖、西湖龙井、君山银针、黄山毛峰、武夷岩茶、祁门红茶、都匀毛尖、六安瓜片九大名茶的产区均在这一纬度上下。同时，此地也涵盖了十几家知名中国酒企，其中包括茅台、五粮液、泸州老窖、郎酒、剑南春、酒鬼酒、洋河酒、舍得酒等，在中国八大名酒中，茅台、五粮液、泸州老窖和剑南春四个名酒都产出于北纬30度线附近，其“魔力”可见一斑。

从某种意义上来说，人和茶、酒一样，都是大自然的“产物”。北纬30度，是地球的鬼斧神工造就的一条奇特的地带，其先天的地理优势、丰富的地貌特征以及适宜的气候条件，共育了中国的美酒、佳茗和延绵不绝的中华文化。

神秘的北纬30度生物优生带与璀璨至今的中华文明，为茶酒的诞生给予物质与精神的双重滋养，共同造就了中国茶酒的内在基因与文化密码，等待我们深入地挖掘、探秘。

二、健康功能的互补

从品饮茶、酒后身体表观感受方面，饮酒使人兴奋、饮茶使人愉悦已是共识，饮茶解酒也是民间常用的“偏方”。随着自然科学的逐步发展，茶叶科学、酿酒科学、功能评价等领域的研究日渐深入，茶、酒、茶酒三者的健康功能原理正被有序解析。例如，中华全国供销合作总社杭州茶叶研究院近年来完成了“茶氨酸对实验动物酒精性肝损伤的抗性效果研究”“茶叶特征成分对食用乙醇化学损伤功能修饰技术研究”等课题，以科学的评价方式发现，茶氨酸、儿茶素、γ-氨基丁酸等茶功能强化因子对酒精性肝损伤有显著的抗性效果，并且可刺激人体释放多巴胺、放松神经，有抗氧化的活性，对由大量饮酒所致的神经系统和消化系统应激损伤具有减损和修复作用。选用具有较好类似功能成分的功能因子，增强茶氨酸的应用功能，作为茶氨酸的增效物，形成以茶氨酸为主的强效复合剂，可缓解和降低酒精性损伤，改善酒后不适。以茶入酒的“茶酒”在一定程度上集茶与酒之所长，存在健康功能互补的奇妙反应。随着中国社会的发展，人民生活水平的提高，大家对健康美好生活的追求是民族复兴的体现，科技催生茶酒的演化进步是中华文化瑰宝的科学融合，现代茶酒应运而生是茶与酒健康功能互补的必然。

三、生产技术的互促

中华文明最初的根从大地原野上生长，中华传统文化基于农耕生产，民族情感的源头也就在这里。很早的制茶就和发酵、蒸煮、研磨、保藏等工序联系在一起，这些工序是和制酒形态一样的。例如蒸的过程，古代茶与酒都必须经历，蒸青茶就是中国最早的茶类。发酵也是除绿茶之外五大茶类“青茶、红茶、黄茶、白茶、黑茶”必不可少的环节，而如何藏茶与藏酒，更是茶与酒绝不可掉以轻心的重要工序。这些技能、工序、工具上的互相学习，必然成为共同成长的要素。

由此可以得知，中国的酒文化和茶文化都源于炎黄时代的农耕生产时期，均具有农耕性。有了原始的文明，才能为酿酒提供原料、用具等条件。有了原始的酒，先民们品尝到了扑鼻的香味和极大的快乐，就会以更大的热情去生产粮食和制作酿酒用酒的器具，以便源源不断地得到美酒的供应，这就自然地为原始文明的发展提供了一种巨大动力。而生长在大地上的植物——茶，是以茶对人类的拯救和维护人类生存繁衍的方式开始的，茶性易染，茶与酒又都离不开水，这些共通性使它们之间必然有着相互学习和借鉴，以至于逐渐融合的可能性。

四、品鉴艺术的共融

无论中外，在酒精和无酒精共存的饮料大家族中，起初的品饮界线都是不甚清晰，甚或模糊不清的。例如，以啤酒解渴、以低度酒待客，几乎是欧洲人的生活常态。早期的中国人也是将低度酒作为解渴饮料的。渐渐地在酒的领域中，类别和功能增加，要有很专业的技术能手来导引喝酒，故服务品饮的专业人才便由此诞生。《周礼》“天官浆人”中专门记载了一种人为“浆人”，是专司饮用时的服务生，“共（供）宾客之稍礼，共（供）夫人致饮于宾客之礼，清、醴、医、酏，糟而奉之。凡饮共（供）之。”所有这些饮料方面的事情，皆由浆人掌管之。

《周礼》也同样讲述了荼（茶）的管理人掌荼，这是周代设的官，专门负责征收荼草以供丧葬。《周礼·地官》中说：“掌以时聚荼，以共丧事。”浆人和掌荼，其实在业务上有重要的相通之处，他们都必须熟练掌握宫廷礼仪的规范秩序，实践典章制度的规定活动，相互之间常在一个礼仪活动中合作。直到三国时期，一次吴国的酒宴让茶饮直接参与了进来。吴王孙皓在酒宴上特许爱臣韦曜“以茶代酒”。在品饮的宴席上，茶与酒就这样越走越近。时代发展到当下，茶与酒的结合，就从“两个杯子”的茶酒单饮发展到“一个杯子”的茶酒“双饮”了。

当代茶酒作为一种酒类，其实已经问世多年，而茶酒中的佼佼者“茗酿”也成为当之无愧的茶酒品类品牌。茗为精选树龄一百年以上的野生乔木古茶树鲜叶，酒以泸州老窖优质白酒为基酒，运用现代生物酶解技术，萃取浓缩茶叶的有益成分，将有益成分与基酒融合，不减泸州老窖酒的烈醇香醺，又增茶香氤氲的清净余甘，茶与酒的完美融合，就此成就茗酿的身心两悦。

第三节
茶酒文化的哲思

酒热烈豪迈，茶清净淡远，作为中华民族的经典文化符号，饮食文化的瑰宝，它们在五千余年的文明历史长河中熠熠生辉，在华夏儿女的血脉里深深渗透。由此生成的酒文化和茶文化，各自形成独立的思想体系，成为中国文化重要组成部分。在博大的中华文化体系中，茶与酒各自形成了相通而又不同的文化内涵，却又彰显着共同的东方文化品格。

一、茶与酒的济生性

我们知道，茶以救命良药为人熟知，而酒可以化解人们心中的块垒。当世上三大无酒精饮料中的咖啡和可可还远远没有问世之时，中国的茶已经担负起奉献予全人类的历史使命。17世纪中国茶开始漂洋过海，这种温和的饮料几乎覆盖了全世界，成为今天全世界三分之二人品饮的健康饮料。同样令人感慨的是酒，黄帝得酒的第一感觉为“美”，而中国人一向把好酒称为美酒。它们的功能，都是作用于人的健康而不是毁灭人类身心的。合理合适地科学品饮，茶酒将助人类一臂之力，并会风雨共济。

所谓济生性，就是在空间层面上涉及了尽可能多的人群，在时间轨道上经历了尽可能长的岁月，在与人类相处的初心上具备了赤子情怀，而在功能上又能对人之身心起到尽可能的保健护理作用。济生性就是奉献性。

二、茶与酒的共生性

幽微深远的茶与瞬间爆发的酒，构成了人类社会品饮史上的唱和，如此尖锐对立的人类饮料，却同时生存在这个地球上。神话传说、史料记载中的茶与酒，在中国常常以各种形态同时现身。诸如就产地而言，巴蜀之地，天府之国——四川是茶之故乡一样，它也是中国美酒的翘楚之地、集中产区。古巴蜀是中国茶叶的发源地，早在3000多年前的周朝巴蜀地区，就有了人工种植的茶树，东晋常璩[①]（约公元291—361年）所撰《华阳国志》载武王伐纣时有八个方国进贡："土植五谷，牲具六畜。……茶、蜜、灵龟、巨犀、山鸡、白雉、黄润鲜粉，皆纳贡之。……园有芳蒻[②]、香茗。"常璩明确指出，进贡的"芳蒻、香茗"不是采之野生，而是种之园林。芳蒻是一种香草，香茗指茶。而中国美酒、如被誉为"浓香鼻祖"的泸州老窖，古属巴国，在巴蜀地区自古享有极高的美誉度。泸州出产的"巴乡清"酒，曾是古巴国向周王朝呈献的贡品。《诗经》主要采集者尹吉甫在《大雅·韩奕》中记载："韩侯出祖，出宿于屠，显父饯之，清酒百壶。"即表明当时的清酒确切存在。《华阳国志》里同样记载了一则当时秦人与夷人的刻石之盟："秦犯夷，输黄龙一双；夷犯秦，输清酒一钟"。可见，当时的清酒地位等同黄龙珍宝。

同样，有大量的考古文物可以作证。举世瞩目的三星堆遗址，埋藏着许多从新石器时代到青铜时代的历史遗迹。在数以千计的珍贵出土文物中，有相当一部分陶器、青铜器属于酒器，如盉[③]、觚[④]、觯[⑤]、瓮、罍[⑥]、钵、尊、爵等。这当中的陶器，最早的距今约4000年。青铜器的年代，则相当于中原的商代至战国末期。1959年和1980年，在四川省彭州市竹瓦街发现了两处相距仅10米远的青铜器窖藏，共出土40件铜器。其中酒器12件。这些酒器的时代，相当于中原的春秋时期，即蜀国的杜宇王朝时期。大量酒器的出土，足以说明

国宝级文物·麒麟温酒器（泸州市博物馆）

---

① 璩（qú）。
② 蒻（ruò）：古书上指嫩的香蒲。
③ 盉（hé）：古代温酒的铜制器具，形状像壶，有三条腿。也有四条腿的。
④ 觚（gū）：古代酒器，青铜制，盛行于中国商代和西周初期，喇叭形口，细腰，高圈足。
⑤ 觯（zhì）：古代酒器，青铜制，形似尊而小，或有盖。盛行于中国商代晚期和西周初期。
⑥ 罍（léi）：古代一种酒器，多用青铜或陶制成。口小，腹深，有圈足和盖儿。

古代巴蜀地区酿酒业的发达和饮酒之风的盛行。

茶与酒的共生性从产地的重合中便可佐证，而在同一时空中诞生的饮料，必然会相互学习和感染。而共生环境下的大品类，从发生学的角度观察，是必然会相互感染的。如“六清”起初和米汤等和酒的结合，以后也会延伸到茶与酒的结合，而无论苏东坡对茶酒的设计，还是云南纳西族人的茶酒混饮“龙虎斗”，都是茶与酒在一个生态环境中相互感染的结果。西晋张载的《登成都白菟楼》一诗中有“芳茶冠六清，溢味播九区”句，此地专指古巴蜀，而所谓六清，即水、浆、醴、凉、医、酏六饮，语出《周礼·天官·膳夫》：“凡王之馈，食用六谷，膳用六牲，饮用六清。”其中浆以料汁制作，是一种微酸的酒类饮料；醴为曲少米多的薄酒；凉是以糗饭加水及冰制成的冷饮；医是煮粥而加酒后酿成的饮料；酏是更薄于“医”的稀粥或饮料。中国人将这种有酒意酒味的饮料称之为“六清”，芳茶冠六清，可见那时的茶并非横空出世，它有一个生态环境的共生群体和坐标体系，其共生形态十分清晰。

罗素曾说“参差不齐是幸福的本源”，我们可以理解为“错落有致方构成人类生活之美”，茶与酒的共生性启示告诉我们，不同形态、不同性质的物质，也是完全可以和谐相处在同一个地球之上的，唯一的原则就是建立在相互尊重之上的和而不同。

三、茶与酒的融合性

有了茶与酒的济生性、共生性，“融合性”便自然会应运而生。人类在关于如何进行茶与酒的品饮问题上，也是有过许多尝试的。有时候茶酒先后有序，有时候茶酒以此充彼，有时候甚至会杂汇相融，此时最原始的茶酒就这样诞生。例如云南少数民族纳西族人有一款“龙虎斗”茶酒，就是标准的茶酒兑。调制方式是在一个敞口的茶盏中倒入土制的白酒，然后高高举起盛满了热茶的茶壶，滚烫的茶水高高细细地冲入盏中，犹如龙入虎中。制作这样的茶酒是专门用来治瘴气的，从前生活在深山老林中的山民每天清晨起来，先喝了此茶，去瘴气活筋骨。至于因为富有情趣而诞生的茶酒融合，中外也都有，如以红茶加酒、加蜂蜜、加冰块的鸡尾茶酒，就是一款典型的多风味融合性茶酒。

茶酒中提炼出的融合性品质告知我们，整合也是创新，最尖锐的对立面也可以通过最温柔细致与合理的渗透，达到你中有我、我中有你的合二为一境界。

2014年，国家主席习近平在比利时布鲁日欧洲学院发表重要演讲，在论述中国与欧洲的关系时，习近平使用了酒和茶的借喻。他说：“……茶的含蓄内敛和酒的热烈奔放代表了品味生命、解读世界的两种不同方式。但是，茶和酒并不是不可兼容的，既可以酒逢知己千杯少，也可以品茶品味品人生。”中国主张和而不同，酒、茶是文化的不同表达，和而不同与多元一体，则是文明哲理的不同切入，都在以不同方式展现人类文化的多样以及世界文明的多彩。习近平主席这一段演讲，用茶、酒表达出“和而不同”“多元一体”的中国主张，是“美美与共，天下大同”的精准表达。

茶酒的济生、共生、融合性质，象征中国人关于生活的最高智慧，更可作为人类命运共同体的愿景和瞻望，对茶与酒关系的探讨，是极有意义的文化命题，我们的哲思才刚起步。

中国茶酒典范——茗酿

第一章 茶酒的起源与变迁

CHAPTER 01

轩辕与岐伯论酒
神农得苦茶复生
炎黄子孙泽披盛

当代·草木人

茗酿

第一节
茶与酒的起源——喝下第一盏茶与酒

对事物起源的讨论意味着对基因和密码的分辨研究，要说茶酒的起源，就得把茶与酒这两种不同性状的饮品分别先说清楚。茶酒属于饮料酒，探究茶酒的奥秘，我们追根溯源，从历史中去寻找答案。

一、酒的起源传说

酒的本义，原本是指用粮食、水果等含淀粉或糖的物质发酵制成的含乙醇的饮料。而酒究竟起源何时，迄今众说纷纭，从时间推断，应当与茶的起源时代基本相似。

在甲骨文中，就已经出现了“酒”和“醴”这两个字。

西汉刘安（公元前179—前122年）编著的《淮南子》记载：“清醴之美，始于耒耜。”翻译成白话文，即“美好的甜酒原料是从庄稼地里种植出来的”，可见酒由谷物酿造而成。

用谷物原料酿酒的历史，有两大类：一类是以谷物发芽的方式，利用产生的酶将原料本身糖化成糖分，再用酵母菌将糖分转变成酒；另一类是用发霉的谷物，制成酒曲，用酒曲中所含的酶制剂和微生物将谷物原料糖化发酵成酒。中国的酒绝大多数是用酒曲酿造的。《尚书·说命》明确说：“若作酒醴，尔惟曲蘖[①]。”这里说的是中国古代酿酒，一种用“曲”，一种用“蘖”。古人把发了芽的粮食称为“蘖”，用“蘖”酿的一般含酒精度比较低，在4%vol左右，古人就把它称之为“醴”。醴是甜酒，也有类比说“醴酒”就是中国古代的啤酒。曲就是酒母，原指含有大量能将糖类发酵成酒精的人工酵母培养液，后来人们习惯将固态的人工酵母培养物也

① 蘖：（niè），酿酒的曲。

称为酒母。贾思勰[①]《齐民要术·笨曲并酒》中说：“作春酒法：治曲欲净，锉曲欲细，曝曲欲干。”用曲酿的酒一般酒精度比较高，在15%～20%vol。

在中国浩如烟海的酒的记载与著述中，有以下一些有关酒的起源传说，我们可以从中得出酒起源的大致时期。

（一）猿猴造酒

传说一群猿猴在野外采摘了许多成熟野果，把吃剩下的野果放在了“石洼”中，堆积的野果在雨水中浸泡，野果果皮腐烂，产生了酵母菌，使野果中的糖分开始发酵，慢慢就成了酒浆，酒就这样在动物不经意的行为中酿制出来，称得上是大自然的造化。

野兽喝了自然酿就的酒浆，这种可能性是完全存在的。在中国武术功夫中，有一种醉拳，依照的就是猴子喝醉的形象，让人不由得想起《西游记》中大闹天宫的孙悟空。不过所谓猿猴的这种“造酒”，完全是不自觉的行为，跟人类酿制的酒自有质的不同。

有趣的是猴子在传说中不但造酒，也采摘茶叶。安徽出产有一种非常有名的绿茶，称作“太平猴魁”，传说就是因专门用人工驯服的猴子，上下悬崖采摘茶树上的茶叶，因而得名。

（二）酒星造酒

上天造酒属于神话范畴。“天有酒星，酒之作也，其与天并矣”，古人把酒的由来归功于天上的酒星。相传天界的酒曲星君，以神授的方式将酿酒技艺传与仪狄，后集大成于杜康。所谓酒星，也就是“酒旗星”，由三颗星组成，亦称“酒旗三星”，最早记载于《周礼》：“轩辕右角南三星曰酒旗，酒官之旗也，主宴饮食。”“酒旗星”这三颗星亮度比较小，肉眼难以辨认，古人能够发现并将其命名为酒旗星，说明我们的祖先有丰富的想象力，也证明酒在当时的日常生活和社会活动中占有相当重要的位置。

① 勰（xié）。

酒星造酒还演绎出一个“酒星学说”，它融合了所谓的易理与酿酒术，认为自然界的日、月、水、火、风、雨、雷、电等大的星团及二十八宿中的角宿、斗宿、奎宿、井宿等天地人三界神灵，主宰着酒品质的好坏，故能演算出来，每年的春夏之交是贮藏酒的最佳季节，农历六月和九月为酿酒的忌月。所以酿酒必须选择星象、季节和吉日良辰，举行神秘的祭典等。“酒星学说”讲求酿酒的选址、用水的选择、符咒的使用、粮食配料的构成、中药材对性味的调节及酒的后期贮藏等，信仰这一派的人们以为，以上这些都为酿制美酒的理论精髓。

“酒星”和“酒旗”这两个词在文学作品中屡见不鲜。“鬼才”李贺“龙头泻酒邀酒星”，“诗仙”李白“天若不爱酒，酒星不在天”，“建安七子”之一的孔融“天垂酒星之耀，地列酒泉之郡”，中唐杜牧的“水城山廓酒旗风”，才华横溢的诗人所处年代不同，个性不同，却皆都嗜酒。明明是有了酒，才遥望夜空，想象出“酒星”，却反过来以为是有了“酒星”，才发明了酒，这就成为古人的浪漫想象。

（三）仪狄造酒

关于酿酒起源的传说，“仪狄作酒”大概是流传最广的一个。最早的文字记载见于《战国策·魏策二》：“昔者帝女令仪狄作酒，进之禹，禹饮而甘之。”说的是三代之初的夏代，天帝的女儿“帝女”，命令一个名叫仪狄的人制作出酒来奉献给大禹喝。

当时的天下在“三过家门而不入”的大禹精心治理下，国泰民安，粮仓殷实，仪狄向大禹进献了自己酿制的美酒，大禹喝了，第一感觉就是十分的甘甜美味，但后人研究说，早在大禹之前，帝尧、帝舜都是饮酒量很大的君王。故郭沫若得出结论，以为相传禹臣仪狄开始造酒，只是指比原始社会时代的酒更甘美浓烈的旨酒。这种结论还是有一定出土文物佐证的。1987年，考古学家们在山东莒县发现了5000多年前的酿酒器具，而早在新石器时代早期的贾湖遗址（距今7500～9000年），也曾发现过很多陶制酒器。这些饮酒的器具，从另一个重要的侧面说明了饮酒不仅进入人们的日常饮食生活，也进入了社会生活的礼仪规范之中。

（四）杜康造酒

说酿酒鼻祖为杜康，中国人大多会认可——杜康被后人称为“酒神”，这缘于三国时期的曹操，他的《短歌行》中有“何以解忧，唯有杜康”，不仅让“杜康”成为酒的代称，还自然成为酿酒的鼻祖。在《说文解字》中，就有“仪狄作酒醪，杜康作秫酒”之说，因为诗句脍炙人口，杜康造酒说也就流传越广，名气越大。

如《尚书·酒诰》曾这样记载说，杜康“有饭不尽，委之空桑，郁积成味，久蓄气芳，本出于此，不由奇方”。说的是杜康年少时以放牧为生，将剩饭放置在桑树洞里，秫米越积越多，在洞中发酵后，就有芳香的气味传出，这就是酒的做法。这种芳香液体结果变成了酒，杜康根据当时正从头上飞过的鸟声，命名这种饮料为“酒”。

有人认为，杜康酿的酒为秫酒，即酿酒的原料以黑秫为主。黑秫是高粱的一种，它野生于洛阳山区，上古先民把它培育成一种重要的农作物。杜康便成了中国秫酒的发明者，并被尊为酒业的祖师。

杜康善于酿酒，其酿制工艺颇为讲究。《杜康纪闻》记载的“五齐六法”据说就是杜康酿酒的秘方。它要求造酒用的黑秫要成熟，投曲要及时，浸煮要清洁，要取用山泉之水，酿酒器物要优良，火候要适当。民间传唱的一首酒歌据称是杜康所传，歌词称：“三更装糟糟儿香，日出烧酒酒儿旺，午后投料味儿浓，日落拌粮酒味长。”这是用歌谣表达的酿酒制作法，说的是在酿酒过程中，对何时投料，何时开火，都应该非常讲究。

（五）黄帝造酒

毫无疑问，所有的造酒说中，肯定是“黄帝造酒”说最为神幻幽妙了。彼时，在距今4000～7000年前的新石器时代，一些以农业为主的氏族公社，逐渐在黄河两岸定居下来，以自己的辛勤劳动创造着历史和文明。这就是史传的炎黄时代。

黄帝是中华民族的共同祖先，黄帝在位期间的发明几乎遍及社会生活的一切方面，其中最值得注意的是文字、衣冠和若干社会制度等的发明。依据《史记》的记载推测，黄帝大概距今5000～6000年。黄帝的功绩之一是“艺五种”，指“黍、稷[①]、菽[②]、麦、稻”五谷。黄帝时代，农产业逐渐发达，促使生产力提高，粮食也随之增产，而农业的繁荣发展是酿酒的首要条件。除酿酒原料外，此时亦存在可用之容器。轩辕做碗碟，黄帝有釜甑[③]，《列仙传》记载：“宁封子为黄帝陶正，有人过之，为其掌火，能出五色烟，久则以教封子。识火自烧。”陶器的发明创造，早在黄帝时代以前就出现，此时陶器的生产在人们的生活中日益重要，甚至还出现了管理生产陶的官员“陶正”及彩陶。有了陶器，就有了酿酒、盛酒、贮酒的容器，也就为酿酒提供了另外一个必要条件。酒的产生实与农业文化的发展密切相关。

由于酒的神奇，各路神仙也都被神话凑在了一起。如有个神话说到造酒神师杜康，造出酒来，引黄帝注意。当时的黄帝正与一个上古妖兽比斗，妖兽强悍，兵卒不敢直面，士气大减。就连黄帝本人也有所顾忌。直到黄帝喝过杜康的酒后，顿时力量无穷，胆气冲天，力战妖兽，斩于剑下。黄帝大悦，命杜康造酒。杜康鬼斧神工的造酒术，使得黄帝青睐不已。杜康寿终之时，黄帝为失去这一位大员伤痛万分。恰逢天空轩辕古星的东南方一颗星星异常明亮，于是就将之定为酒星。造酒的文化就这样演绎成《封神榜》了。

总之，酒的起源经历了从自然酿酒逐渐过渡到人工酿酒的漫长过程，而中国酒的起源径直可追溯到三代和春秋之际。《诗经·七月》有“八月剥枣，十月获稻，为此春酒，以介眉寿”句，说的是农历八月打下了枣子，十月收割了稻谷，由此

① 稷（jì）：古代称一种粮食作物，有的书说是黍一类的作物，有的书说是谷子（粟）。
② 菽（shū）：豆类的总称。
③ 甑（zèng）：古代炊具，底部有许多小孔，放在鬲（lì）上蒸食物。

酿成了这春酒，用这春酒来祈求长寿。可见春秋之际，酒和酒文化的民俗传说土壤就已存在了。古代人把酒理解为神创的产物，而现代人则认为从自然成酒到人工酿酒经历了4个阶段，即自然界天然成酒阶段、人类发现果酒并饮酒阶段、人类酿酒（发现、认识酒、初步酿酒）阶段、人类大规模酿酒阶段。

二、茶的起源传说

我们说茶酒是天地同育共生，在时间上恰恰就是如此契合。即便是在茶的纯自然属性中，我们依然可以探窥到最奥妙的人文意趣。人类发现和利用茶叶约有5000年悠久历史。中国是茶的故乡，唐代陆羽在《茶经·一之源》开门见山地说："茶者，南方之嘉木也，一尺、二尺乃至数十尺，其巴山峡川，有两人合抱者。"作为木本植物，茶诞生在中国西南云、贵、川，那山岭重叠、河川纵横、气候温湿、地质古老的亚热带、热带原始森林之中。因此，中国西南成为茶树原产地的中心。而从地缘区域上说，茶与酒，这两种性格卓然对立的饮料，就这样同时复合成长在西南大地上。

茶为多年生山茶科山茶属常绿植物，有乔木、半乔木和灌木之分，叶可制茶。茶饮料是指以茶叶的萃取液、茶粉、浓缩液为主要原料加工而成的饮料，具有茶叶的独特风味，含有天然茶多酚、咖啡因等茶叶有效成分，是兼有营养、保健功效，是提神解渴的多功能饮料。

茶在伴随人类生活的进程中，也有其自身从自然进入人文的悠久历史和深远境况，上限可推至地质年代的中生代，距今6000万～7000万年，下限则被公认为距今5000年左右的神农时代，至距今3000多年前的周王朝时期。关于茶的起源传说，基本就发生在下限所在的历史时期。

（一）神农得荼

《茶经·六之饮》中，陆羽说："茶之为饮，发乎神农氏。"《淮南子·修务训》亦说："神农乃始教民，尝百草之滋味，一日而遇七十毒……"传说神农在野外觅食中毒，恰有树叶落入口中，服之得救。以神农过去尝百草的经验，判断它是一种药。久之，这片救命的叶子演进而成为口口相传的茶，后世更有了"日遇七十二毒，得荼而解之"的演义，关于"得荼[①]而解"说，今人未能在唐以前典籍中确证史料，但茶与人类的这第一次亲密接触，却被茶圣陆羽在经典中肯定，终成中国饮茶起源的最普遍的说法。

神农与茶的关系有不少传说，其中有一个，说神农的肚子是透明的，由外可见食物在胃肠中蠕动。当他吃茶时，茶在肚内流动，把肠胃中的毒素除洗得干干净净，因此神农称这种植物为"查"，从而成为"茶"字发音的起源。这虽然肯定只是一个戏说，但也折射了先人们关于茶与人类之间最初关系的缘起。中华文化在溯源中，往往把一切与农业、植物相关的事物起源归结于神农氏。而关于神农时代的神话、传说，客观反映了中国原始先民从采集、渔猎进步到农业生产阶段的情况，这的确也应该说是不争的事实。

"得荼而解"虽是传说，但原始社会的部族领袖和巫医们，为鉴别可吃食物，亲口尝试，体会百草，发现以茶可解毒，此举既符合当时的社会实际，也有一定的

① 荼：茶的前身，是古代最常用的表达茶的字，但不专门表示茶，是多种植物的代称。

科学根据。茶的诸多品质，既符合了人类治病之需，在口感上、药性上又可作日常保健养生食物，故在百草中占得重要一席。人与茶之间最初建立的药用关系，说明人类与茶的第一次亲密接触，是以茶对人类的拯救和维护人类生存繁衍的方式开始的。中华文明最初的根，从大地原野上生长，中华传统文化基于农耕生产，民族情感的源头也就在这里。生长在大地上的植物——茶，因为它的农耕性，所以为我们的先人所青睐，这是顺理成章的。

（二）周公闻茶

《茶经·六之饮》中，陆羽还说茶“闻于鲁周公”，此处的“闻”，实乃记载传播之意。陆羽在论述茶之为饮发乎神农之后，又缀之于鲁周公的传播，可知鲁周公亦是茶叶文明史上举足轻重的人物。

鲁周公是位德才兼备且忠心耿耿的肱股重臣，名姬旦，周朝立国初，周武王就驾崩了，年幼的成王继位，由武王的弟弟周公摄政。他在“分邦建国”的基础上“制礼作乐”，总结、继承、完善，从而系统地建立了一个孔子终生梦想的礼乐社会。待成王长大，他即刻还政，曹操《短歌行》中曾以“周公吐哺，天下归心”来赞扬他的忠诚与大气。

说饮茶之事从鲁周公时代被记载传闻，依据为《尔雅·释木》，此中记载说：“槚[①]，苦荼。”槚就是茶的方言，而苦荼就是茶。据说《尔雅》为周公旦所作，唐代始《尔雅》被列入“十三经”，全书古奥难解，令人望而生畏。加之年代更迭，世事变迁，历史的烟尘掩盖了这些曾经令人感动的名物，使其中的信息微茫难求。而陆羽对儒学则有一种近乎与生俱来的膜拜，甚至为此逃出寺庙。想必一定是将《尔雅》作为经典学习、引用的，故仅从“槚，苦荼”这三个字中，茶圣便得出茶之为饮“闻于鲁周公”的论断。

（三）部落贡茶

关于人工栽茶的记录，始于周公助武王灭商，史称武王伐纣。时年为公元前

① 槚（jiǎ）：茶树的古称。

1046年，周武王会合庸、蜀、羌、髳[①]、微、卢、彭、濮等方国部落，渡盟津，进抵牧野，灭商。中国史书上第一次正式记录了此一历史时期的茶事。东晋常璩（约公元291—361年）在《华阳国志·巴志》记载："周武王伐纣，实得巴蜀之师，著乎《尚书》……土植五谷，牲具六畜，桑蚕麻纻，鱼盐铜铁，丹漆茶蜜……皆纳贡之。"从中可以得知，以上八个小国部落给周武王的贡品列单中是包括了茶的。同样是在《华阳国志·巴志》中，常璩在这张贡单之后，还特别加注了一笔："武王既克殷，以其宗姬于巴，爵之以子……其果实之珍者，树有荔枝，蔓有辛蒟[②]，园有芳蒻香茗……"香茗即茶，说明西周之初，巴人所上贡的非为野茶，而是专门在"园"中人工栽培的茶了。

商周时期，中国西南居住的土著民族，通称濮人。周武王伐纣后，将其部落的酋长或头人按公、侯、伯、子、男封国，后亦称百濮国。现今居住在云南省南部地区的布朗、佤、德昂等少数民族居民，就是濮人的后裔。濮人是世界上最早利用、种植茶叶的居民之一，至今在普洱市境内的布朗族山寨、澜沧县景迈山，还保留着他们种植的古茶园。

若从商末周初人工栽培茶园算来，人类栽培茶树距今已有3000多年。人类为何种植茶树？"园有芳蒻香茗"的园，会不会就是一个药圃？以茶为药，以药入贡，以贡祭祀，不失为一种合理推测。

三、炎黄之饮起源说的意义

在有关茶与酒的传说中，炎、黄二帝与茶、酒的关系是最为经典的。以中华民族的这两位先祖作为这两种饮料的创始者和发现者，意义十分深远，可以说是至高无上的人相对应的至高无上的饮品。这样一种双重配位的同级饮品的同时存在，在世界其他国家和区域几乎是不存在的。国饮往往只有一种，或者葡萄酒，或者啤酒，或者白酒，唯有中国，从诞生开始就是复调式的，中国具备了一套国饮——茶与酒同行。

---

① 髳（máo）：中国古代西南少数民族的一支。

② 蒟（jǔ）：1. 蒟蒻（ruò），多年生草本。花淡黄色，外围紫色苞片。地下茎扁球状，有毒，可供药用。2. 蒟酱，又称"蒌叶"。木质藤本，产在热带。果实像桑葚，有辣味，可吃，可制酱。藤叶可供药用。

（一）创世纪的英雄饮品

在人类创世纪的历史中，以及在各国各族群的诞生起源初始，往往带有各种英雄人物的出现，他们开天辟地，不但创造人类本身，还创造人类社会，以及人类社会中的万物，如女娲造人、补天，盘古开天地等。中国民间传说中，故事的主人公一般有名有姓，其中有的是历史上知名的人物，事件发生有具体的时间和地点，有的还涉及国家民族的重大事件；而人物活动或事件发展的结果也常与某些历史、地理现象及社会风习相附会，因而往往给人以它是真实历史的错觉。

但民间传说与严格意义的历史其实还是有本质的区别。传说既不是真实人物的传记，也不是历史事件的记录，其中可能包含着真实历史的某些因素，但更有可能是人们口口相传的口述。许多传说把比较广泛的社会生活内容通过艺术概括而依托在某一历史人物、事件或某一自然物、人造物之上，达到历史的因素和历史的方式与文学创作的有机融合，使它成为民间文学化的历史，或者是历史化的民间文学。

将什么样的事物与什么样的人物相匹，成为后世传说中的重要价值评判。诸如将酒与茶匹配于华夏始祖黄帝和炎帝，则正是要将酒与茶赋予始祖的坐标。伴随着始祖而生的茶与酒，其地位之高不言而喻。而这样的匹配度正是伴随着历朝历代茶酒自身的发展而发生的。茶与酒自身的发展越丰富壮大，其与之匹配的象征物越牢固神圣。炎黄二帝之所以相配于茶酒，并得到华夏民族的高度认可，其中的奥秘正在于此。

（二）黄帝的酒说

在文字发明以前，口耳相传的神话传说，是先民们对上古洪荒时代历史的一种夸张的记述。不可否认这里有神话的成分，但不难发现这其中蕴含着某些比较可靠的历史资料。炎帝、黄帝时代的传说，不仅在《史记》中的《五帝本纪》有记载，而且已被裴李岗文化、仰韶文化的考古发掘所证实。

医术的发明也在那个时代亮相。相传《黄帝内经》就是黄帝与岐伯、雷公等对话而编成的，在《黄帝内经》中，记载了黄帝与岐伯讨论酿酒的情景：

黄帝问曰：为五谷汤液及醪醴奈何？

岐伯对曰：必以稻米，炊之稻薪，稻米者完，稻薪者坚。

黄帝问曰：何以然？

岐伯对曰：此得天地之和，高下之宜，故能至完；伐取得时，故能至坚也。

可见在仰韶文化中晚期的黄帝时代，酿酒属于大医术治病范畴，而酒在当时也有着重要的地位，黄帝时代与酒的故事，在传说中是可以考据出大量的历史史实的。

（三）炎帝的茶话

传说中的上古帝王神农氏，因以火德王，也被称为炎帝，是中华文明历史长河中农耕和医药的发明者。彼时人类已进入新石器的全盛时期，原始的畜牧业和农业已渐趋发达，神农则是这一时期先民的集中代表。

中国的酒文化和茶文化都源于炎黄时代的农耕生产时期，同具有农耕性。有了原始的文明，才能为酿酒提供原料、用具等条件。有了原始的酒，先民们品尝

高山茶园

到了扑鼻的香味和极大的快乐，就会以更大的热情去生产粮食和制作酿酒用酒的器具，以便源源不断地得到美酒的供应，这就自然地为原始文明的发展提供了一种巨大动力。而生长在大地上的植物——茶，与人类的第一次亲密接触是建立在药用关系上的，是以茶对人类的拯救和维护人类生存繁衍的方式开始的。中华文明最初的根从大地原野上生长，中华传统文化基于农耕生产，民族情感的源头也就在这里。

酒热烈豪迈，茶清静淡远，中国人喝了几千年的酒与茶。茶与酒作为中华民族饮食文化中两朵璀璨耀目的奇葩，在中华五千余年的文明历史长河中熠熠生辉，并在无数华夏儿女的血脉里深深扎下了根。而此生成的酒文化和茶文化，形成了独立的思想体系并渗透进中华民族的文化血液，成为中华文化重要的文化因子与组成部分，彰显着各自独特的文化价值。这两种关系密切的文化，论酒者难免用茶来比况，说茶者总会把酒来参照。在中华博大的文化体系中，茶与酒有着共同的中国传统文化基因，各自形成了相同而又截然不同的文化内涵。

而最具有特殊意义的，便是中华民族文明的总体复调形态。我们从先祖为并列的两位——炎帝和黄帝说起，这种二进制式的格局对上一直可以推论到形而上“易”的“阴阳”，相比于人类饮料，则进入其复调的品饮——茶与酒。

第二节 茶与酒的交融和变迁

创立在炎黄文化背景下的中华茶酒文化，虽经社会组织上的融合，有同一民族文化的根基，但两个部族，仍然各有其起源、流衍的历程。有学者以为，炎帝所属的神农氏部落比黄帝所属的轩辕氏部落远为古老，主要特点在重农、和谐和民本思想，黄帝文化则具有军事、政治和礼制等内容。

茶酒茶酒，虽然茶在前面，其实本质还是以酒为主。不说清楚酒，茶酒也就说不清了。

一、酒的历史变迁

有人曾把人类品饮的历史总结为六个瓶子里的历史——啤酒、葡萄酒、白酒、茶、咖啡和碳酸饮料。六个瓶子中，有三个瓶子是装酒的。饮酒作为中国人精神生活形态，起始于商、周时期，距今已有4000余年的历史了。举世瞩目的广汉三星堆遗址出土文物中，有相当一部分陶器、青铜器属于酒器，如盉、觚、觯、瓮、罍、钵、尊、爵等。这当中的陶器，则相当于中原的商代至战国末期。《吕氏春秋·顺民》载："越王苦会稽之耻……有甘肥，不足分，弗敢食；有酒，流之江，与民同之。"史称"箪[1]醪劳师"。"醪"是一种带糟的浊酒，可见，早在2500年前的战国时代，酿酒业已很盛行了。

而从全球视野看，西方人则是从水果的酿制开始饮酒的历史。科学家们在对一批年代久远的陶罐进行研究分析后发现，人类可能早在8000年前就开始酿造葡萄酒。作为以葡萄为原料酿造的一种果酒，多数历史学家都认为波斯可能是世界上最早酿造葡萄酒的国家。随着古代的战争和商业活动，葡萄酒酿造的方法传遍了以色列、叙利亚、小亚细亚阿拉伯国家。由于阿拉伯国家信奉伊斯兰教，提倡禁酒律，因而阿拉伯国家的酿酒行业日渐衰萎，葡萄酒酿造的方法从波斯、埃及传到希腊、罗马、高卢（今法国）。然后，葡萄酒的酿造技术和消费习惯便由希腊、意大利和法国传到欧洲各国。

《巫术祈祷图》汉画像石棺拓片

① 箪（dān）：古代用竹子等编成的盛饭用的器具。

“牛尾巴”里流出的汩汩美酒

有专家考证，15世纪阿拉伯人将掌握的蒸馏技术带往世界，意味着白酒在全球范围内的扩展。它开始和炼金术纠缠在一起，被巫师们称为有着神奇的疗效。

随着蒸馏技术的不断演进，中国白酒逐渐广泽天下。元代，蒸馏酒开始普及，明代李时珍在《本草纲目》记载：“用浓酒和糟入甑，蒸令汽上，用器承取滴露，凡酸败之酒，皆可蒸烧。”《本草纲目·谷四·烧酒》又载：“火酒，阿剌吉酒。”文中的阿剌吉（Araq）一词，现代学界有两种解释，一说为“阿拉伯”的谐音，另一说为色目人语言的“出汗”，喝了白酒之后，容易流汗。北宋赞宁在其编写的《物类相感志》记载：“酒中火焰，以青布拂之自灭。”发酵酒不可能被点燃，赞宁记载的酒只能是蒸馏酒。关于蒸馏酒创始何时，是世界科技史界一直争论不休的问题。如安阳殷墟妇好墓出土的青铜汽柱甑，可让我国蒸馏酒的起源上溯至商代晚期。这样的话，也不排除国外蒸馏酒（烈性酒）技术是我国的烧酒技术的发展和演变。

由于蒸馏酒主体地位的确立，大曲得到快速发展。元明时期，泸州大曲酒已正式成型。据清代《阅微草堂笔记》载，元代泰定元年（公元1324年），制曲之父郭怀玉在泸州创“甘醇曲”，酿制出了第一代大曲酒。明万历年间，解甲归乡的武举人舒承宗，回到家乡泸州，开办舒聚源作坊，于公元1573年筑窖酿酒。400余年后，当年舒承宗创建的酿酒窖池，以其建造最早、保存最完好、持续使用时间最长，被确定为行业首家“全国重点文物保护单位”，被誉为目前与都江堰并存的中国两大“活文物”。这是泸州老窖的前身，而2006年泸州老窖酒传统酿制技艺被确立为首批“国家级非物质文化遗产”，至此，泸州老窖成为行业首家“双国宝”单位。

在中华民族悠久历史的长河中，酒有着它自身的光辉篇章。因为尊重酒，它被尊称为“醴泉侯”，犹如茶被尊称为“不夜侯”一般。中国的史料中，数千年来一直星散着各种关于酒的记载，诸如《说文》中的“醴，酒一宿孰也”；王充《论衡》中的“酒醴异气，饮之皆醉”之说；《仪礼·士昏礼》中说的“出请醴宾”，《仪礼·士冠礼》中记载的“若不醴，则醮用酒”，此处的“醴”通“礼”，礼法，规范、是仪式的总称。

（一）炎黄时期的酿酒发端

黄帝时代与酒的故事，已被裴李岗文化、新石器时仰韶文化、龙山文化的考古发掘所证实。遗存的原始陶器与酒具又进一步印证了中国酒文化历史的悠久。

酒在中国到底何时出现？回答大概起源距今9000年前，对应河南贾湖文化时期，繁荣于黄帝时代。黄帝所开创的原始农耕文明，使先民改变了茹毛饮血、以渔猎和采集野果为全部生活来源的状态，其中最为人们称道和熟悉的是“艺五种”——即种“黍、稷、菽、麦、稻”之五谷。粮食产量增加，开始有了富余，这一历史时期也被称之为中国历史上第一次“绿色革命”。

而起源于仰韶文化时期的制陶工业在黄帝时期也得到了充分发展，《物原》载“轩辕做碗碟”；《古史考》载“黄帝时有釜甑”；《列仙传》载“宁封子为黄帝陶正，有人过之，为其掌火，能出五色烟，久则以教封子，封子识火自烧。”

有了酿酒原料和酿酒容器，这两个古代酿酒的先决条件，酿酒技术便自然应运而生。

在“仰韶文化遗址”中，发现有许多酒具。在二里头文化遗址中，多次发掘出大量酿酒与饮酒器（其中有一只盛酒用的“黑陶大口尊”最为著名）。1983年10月，在杨家村文化遗址出土的一套酒具（5个小陶杯，4个高脚杯，1个陶葫芦），曾由史前考古学家证明确认为酒具，属泥质红陶，系仰韶文化早期偏晚时期遗物，距今7000年。

在裴李岗文化时期（公元前6000—前5000年）和河姆渡文化时期（公元前5000—

前3300年）均有陶器和农作物遗存，在遗址中还发现粮食堆积为100立方米，折合重量为5万千克，同时还发现一些形状类似于后世酒器的陶器。

近年来四川三星堆遗址（公元前3000—前1100年），出土大量陶器和青铜酒器，有杯、觚、壶等，可见酿酒技术已开始。

三星堆陶器
图片来源：三星堆博物馆官方网站

1979年，山东莒[①]县陵阳河大汶口墓葬中出土大量酒器，在发掘到的陶缸壁上还发现刻有一幅滤酒图。

在墓中发现了一组酒器，其中包括酿造发酵所用的大陶尊、滤酒所用的漏缸、贮酒所用的陶瓮、用于煮熟物料所用的炊具陶鼎及各种类型的饮酒器具100多件。考古人员分析，此墓主生前可能是个职业酿酒者。

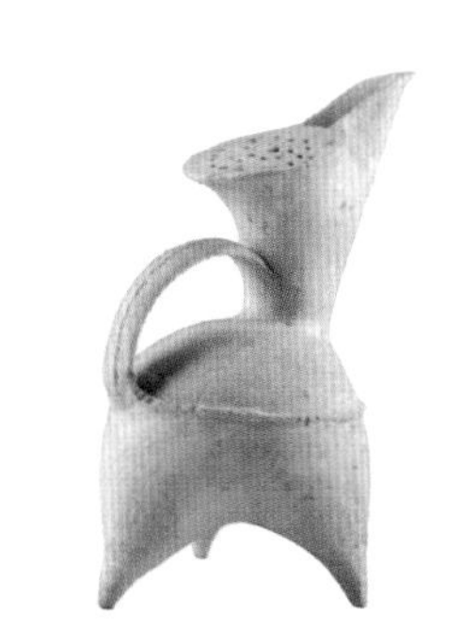

山东莒县陵阳河大汶口墓葬中出土酿酒器——白陶箅状鬶
图片来源：莒州博物馆

以上考古资料都可证实，人工酿酒在黄帝时期迎来了一次大发展。

（二）夏商周三代的酒文化

我们已知，大禹作为夏之缔造者，深谙酒之迷人，而商朝的酿酒业就更为发达，殷商时代的茶静悄悄了无声息，而酿酒业其时已在大声喧哗。三千多年前的中国先民便掌握了曲蘖酿酒技术。罗振玉考证的《殷虚书契前论》甲骨文中，有“鬯[②]其酒”的记载，汉朝班固《白虎通义·考黜》解释为“鬯者，以百草之香，郁金合而酿之成为鬯”，可见甲骨文所载的“鬯其酒”应是芳香的药酒。鬯酒也是举行裸祀的专门用酒。这是文字记载中最古老的酒，和中医药学有密切关系。当时的酒精饮料有酒、醴和鬯，贵族饮酒极为盛行。

青铜器制作技术提高，出现了“长勺氏”和“尾勺氏”这种专门以制作酒具为生的氏族。今天的殷墟——河南安阳小屯村，出土了公元前1200多年前的商朝武丁

① 莒（jǔ）。
② 鬯（chàng）：古代祭祀用的酒。

时期墓葬，在近200件青铜礼器中，各种酒器约占70%。出土的一套殷代酒器中，其中有觚、觯、卣、爵等。从这些出土的酒器品种和数量推测，殷商时期酿酒技术也很发达。

商代的亡国之君死于酒池肉林，离不开商末自上而下的过量饮酒，以及由于科学水平相对低下而导致的酒器金属中毒。周初统治者对酒有深刻认识，十分清醒并积极健康引导着酒业生产。我们可从陕西宝鸡出土的一套西周酒器，佐证周朝饮酒生活的继续。酒器包括一尊二卣①、一盂四觯、一觚一斝②一勺，周初的统治者将酒的功能，从商代的以享受为主到周时的礼仪为主，酒成为社会生活中威严的象征。

出自《尚书·周书》的《酒诰》，据说作者是周公旦，此文作为天下第一篇对酒的限制令，是周公旦专门为封为卫君的小弟康叔叙述的。《酒诰》教义可归结为，无彝酒，执群饮，戒缅酒，可以解释为“不要经常喝酒，不要聚众饮酒，不要沉湎于酒”。周公知道酒作为饮料，合理饮用实际上是对人类有诸多益处的，全面封杀违背民意，是不可能的。所以周公继承了商朝把酒作为重要祭祀品的传统，巧妙地把酒与周礼紧密相连，故周代的五礼均离不开酒。大力倡导“酒礼”与“酒

青铜酒器

图片来源：百度网

① 卣（yǒu）：是一种器皿，属于中国古代酒器。具体出现时间未知，盛行使用时期为商代和西周时期。当时用来装酒。所以外观上大部分是圆形、椭圆形，底部有脚，周围雕刻精美的工艺图案。

② 斝（jiǎ）：古代盛酒的器具，圆口，口上有两柱，三足。

德”，形成“酒祭文化”。

周代酒礼作为最严格的礼节，乡饮习俗以乡大夫为主人，处士贤者为宾。饮酒尤以年长者为优厚，“六十者三豆，七十者四豆，八十者五豆，九十者六豆”。豆是下酒的菜肴，也就是说给老人家多放点下酒好菜，其尊老敬老的民风，在以酒为主体的民俗活动中有生动显现。

统治者很重视“酒”的管理，专设“酒官”对酿酒业进行监管。如《周礼·天官》中便有“酒正掌酒之政令”的记载。这点与茶颇为相同。茶在此一时代，与酒完全合拍的是进入祭礼的行列。《周礼·地官》有记载：“掌荼，下士二人，府一人，史一人，徒二十人”，“掌以时聚荼，以共丧事”，掌荼掌管作为祭品的茶，按时收聚，以供办丧事时用。合理推论，如果神农尝百草因茶得救的传说在西周依旧流布，那么在祭品类别中收集有茶，是完全可以理解的。茶与酒在面对生死的祭祀礼仪上同时亮相，足以证明他们在三代时的至高天命。

（三）春秋战国时的酒

春秋时期的酒，在饮用人群和酒的种类上都得到了很大的发展。《吕氏春秋》记载：“越王之栖于会稽也，有酒投江，民饮其流，而战气百倍。”就很好的映射出当时（公元前200年左右）会稽（今绍兴）地区酒的产量之多和饮酒人之众。屈原（约公元前340—前278年）《楚辞》中有耐清、桂浆、瑶浆、蜜酌、琼浆等名酒种类，汉朝戴圣辑录的《礼记》中记录的除了这些常见的酒，还有醴酒、元、清酌、醴戢[①]、澄酒、粢[②]醍、旧泽、酏等，种类远超殷商时期仅有的甜酒和香酒，品种增多，说明当时酿酒业又有了很大发展。春秋战国时期酒品之所以增多，和酿酒条件的大大提升有关。铁制工具使生产技术改进，物质财富大为增加，为酒的发展提供了各种基础。

春秋战国时的文献对酒记载很多，如《诗经·豳[③]风·七月》记录了乡人于十

---

① 戢（zhé或jí）：从咠从戈，藏兵也。《诗》曰：“载戢干戈”。咠，附耳私语，有收敛意。表音。戈，兵器，表意。本义为收藏兵器，引申为收敛、止息。戢，jí、Zhé（湖北房县、四川简阳市一带作姓氏时的读音），zé（武汉新洲区一带作姓氏时的方言读音）。

② 粢（zī）：古代供祭祀的谷物。

③ 豳（bīn）：古地名，在今陕西彬县、旬邑县一带。也作邠。

月在地方学堂行饮酒礼："九月肃霜，十月涤场，朋酒斯飨，曰杀羔羊，跻彼公堂，称彼兕[1]觥，万寿无疆"，充分展示了春秋时期的酒仪文化。《小雅·伐木》中记有"有酒湑[2]我，无酒酤我，坎坎鼓我，蹲蹲舞我；迨我暇矣，饮此湑矣。"这是描写当时农民饮酒取欢的景象。而以乐为本则成为汉人酒文化的精神内核。饮酒逐渐与各种节日联系起来，形成了独具特色的饮酒日。

孔子（公元前551—前479年）《论语》说："有酒食，先生馔，曾是以为孝乎？"从另一种角度诠释了酒的日常生活化：有了酒饭让父母吃，难道这样就可以算是孝了吗。可见，至少春秋晚期，酒已经理所当然地成为孝敬老人的饮料。《礼记·月令》中记载："（孟夏之月）天子饮酎，用礼乐。""酎"乃重酿之酒，配乐而饮，是说开盛会而饮酒，歌舞升平。《礼记·玉藻》中说："凡尊必尚元酒，唯君面尊，唯饷野人皆酒，大夫侧尊用棜，士侧尊用禁。"尚元酒乃贵族专饮之高贵酒，野人乃平民百姓，可以让他们喝普通酒。"棜"和"禁"是酒杯的等级，从酒具上也要分出卑尊高下。

酒在国家机器的政治生活中越来越起着不可或缺的作用。先秦时秦国商鞅变法，对酒高价重税，酒价十倍于成本，其用意是增加国家财政收入，限制消费，使农民不敢泄怠偷懒，将精力集中到生产中去，少喝酒，多干活，实际就是一种"寓禁于征"的酒政。

（四）秦汉至南北朝时的酒风

西晋张载的《登成都白菟[3]楼》一诗中有"芳荼冠六清，溢味播九区"句，可知当时的茶，并非前无古人后无来者横空出世的。在张载笔下，它有一个生态环境的共生群体，那便是"六清"。如前文所述，所谓六清，即水、浆、醴、凉、医、酏六饮，它们虽然不能称之为酒，但中国人将这种有酒意酒味的饮料称之为"六清"，而在"六清"之外，还有一款称作"荼"的饮料，可见六清已经和茶生活在一个饮料大家族里了，其共生性形态十分清晰。

---

① 兕（sì）：古代指犀牛（也说雌性犀牛）。
② 湑（xǔ）：将酒滤清。
③ 菟（tú/tù）。

而在这个模糊的有酒精和无酒精共存的饮料大家族中，从来没有少过中国的原生态浓酒。薄酒、浓酒，茶水，药饮，果饮……这些饮料的界线在品饮时，往往是模糊不清的，要有很专业的技术能手来导引，故服务品饮的专业人才便由此诞生。如前文所述，早在《周礼·天官浆人》中就有专门记载，招待宾客之礼，礼仪分明有度。

春秋战国至先秦、两汉（公元前770—前220年），几个世纪间，政治制度上中国自奴隶制进入封建制，文化上从春秋的百家争鸣到汉代的独尊儒术，期间几个朝代大开大阖，国家激烈动荡，生民朝不保夕，苟活人间者又有多少精神领域里的突围厮杀。何以解忧，唯有杜康。汉代，酒的药用功能用途扩大，以酒入药成常规，如东汉名医张仲景（约生于公元150～154年、卒于公元215～219年）便用酒疗病。酒文化可以说是彻底兴盛起来了。

秦汉年间出现了一种新的酒政——“榷酤①”，也就是酒的专卖。榷是只能由一人通过，不许他人并行的独木桥，政府垄断性经济行为“榷”。所谓酒专卖，古时称“榷酤”或“榷酒酤”，始于汉武帝（公元前156—前87年）。他采纳了桑弘羊的建议，实行榷酒法，设置榷酒官开酿酩酒，把富商大贾们在酿酒卖酒上所得的厚利转归政府所有，以支持汉武帝北御匈奴西联西域政策所需的边防费用。到汉武帝的儿子汉昭帝（公元前94—前74年）时，民间若自行造酒专卖，还须向国家缴纳税钱，每升课税4钱，榷酤比榷茶的唐宋时期要早八百年。

说到“青梅煮酒论英雄”的三国，酒风剽悍、嗜酒如命，劝酒之风颇盛，喝酒手段激烈。有学者评价三国酒风时曾引用这样一段话：三国时饮酒之风颇盛，南荆有三雅之爵，河朔有避暑之饮。魏晋时期，酒禁大开，允许民间自由酿酒，私人自酿自饮，酒业市场兴盛。此时的酒税成为国家重要财源，名士饮酒风气极盛，因此才有了竹林七贤这些刘伶般酒仙的生长环境。借助于酒，人们抒发着对人生的感悟、对社会的忧思、对历史的慨叹。酒的作用潜入人们的内心深处，从而使酒的文化内涵也随之扩展了。

由于魏晋时期开始流行坐床，而不再席地而坐，故酒具变得较为瘦长，此外，

---

① 酤（gū）：卖（酒）。

《唐人宫乐图》（台北“故宫博物院”藏）

魏晋南北朝时出现了“曲水流觞”的习俗，把酒文化上升到更高的审美层面。

（五）狂放于大唐的美酒

唐代经济文化高度繁荣，国家统一，农业发展，经济繁荣，自然便为酿酒业的发展提供了雄厚的物质基础，盛唐美酒甲天下。

唐朝初年，社会处恢复期，政府却并未施行禁酒政策，明令“天下置肆以酤者，斗钱百五十，免其徭役”。以后的几百余年间，鼓励民间酿酒的制度基本上沿袭了下来，以后因天灾人祸，政府在局部地区也进行过几次禁酒，但多在民间，官府却大开售酒方便之门。

唐代各阶层的人均有饮酒的嗜好，并以聚众欢宴为特色。形成“谁家无春酒，何处无春鸟”的亮丽风景。唐代酒店多，人们很容易进店饮酒。《开元遗事》记载：“自昭应县（陕西西安市临潼区）至都门，官道左右村店之门，当大路市酒、量酒多少饮之，亦有施者，与行人解乏，故路人号为‘歇马杯’。”《通典·食货七》记载：“（唐代开元十三年）东至宋、汴，西至岐州，夹路列店肆待客，酒馔丰溢。每店皆有驴，赁客乘，倏忽数十里，谓之驿驴。南诣荆、襄，北至太原、范阳，西至蜀川、凉府，皆有店肆，以供商旅，远适数千里，不持寸刃。”

当时长安的酒店，早已突破城中两市的范围，一些繁华的聚居区，还出现了豪华的酒楼。高者可达百尺，其间酒旗高扬，丝竹之声震耳。从春江门到曲江是文人和贵族的游兴之地，沿途酒家密集，杜甫（公元712—770年）在《曲江二首》中曾写道："朝回日日典春衣，每日江头尽醉归。"可见酿酒业之兴盛。唐代名酒不少，李肇（公元876—945年），在《唐国史补》中记载，当时流行有14种名酒。美酒名诗，珠联璧合，美酒滥觞，竞相争芳，酒与文人墨客辉煌结缘，相得益彰，酒催诗兴，酒兴文章。音乐、书法、美术、绘画，歌舞，酒令，名器，相融相兴，沸沸扬扬，是唐朝文化最凝练、最有高度的体现。

（六）盛于两宋的中国酒

宋承唐饮，只是比唐朝的酒文化更丰富，更接近当下酒风。宋人不仅爱饮酒，财政开支有很大的部分还靠酒税支持。宋朝对酒的生产和销售管理相当严格，酒税已成为当时国家的重要税收之一，主要包括酒的专卖、酒曲专卖和税酒。宋朝的汴京和临安等大都市空前繁荣，人们对酒的消费需求量大增，加之酿酒业技术的成熟，酒类品种增多，质量提高，生产范围扩大。上至宫廷，下至村寨，酿酒作坊星罗棋布。从宋代著名画作张择端的《清明上河图》可以看到，茶坊、酒肆、庙宇鳞次栉比，街市行人川流不息，商店中有珠宝香料、绫罗绸缎等专门经营，形形色色，热闹缤纷，其中有酒家设有高层"雅座"，使人联想起《东京梦华录》中记载的矾楼。

矾楼又名白矾楼，北宋后期改称丰乐楼，位于东华门外，在众多的豪华酒楼里鹤立鸡群，相当于现代的国宾馆。徽宗宣和年间，矾楼已改建成三层相高，五楼相向、中间有桥廊衔接、明暗相通的庞大建筑。有一首《鹧鸪天》词歌颂云："城中酒楼高入天，烹龙煮凤味肥鲜。公孙下马闻香醉，一饮不惜费万钱。招贵客，引高贤，楼上笙歌列管弦。百般美物珍馐味，四面栏杆彩画檐。"

以矾楼为代表的大酒店时称正店，大约相当于今天的四星级以上的酒店。宋代有七十二家正店：它是宋代酒业专卖政策的产物，不但供应酒水，还有酿酒的权利，其他较小规模的则称脚店。豪华酒店的群雄竞起，使市场竞争十分激烈，各家在酿酒方面力争出奇制胜，于是名酒辈出，同时代的张能臣还写了一本《酒名记》，列举当时名酒223余种。

宋朝的葡萄酒，是对唐朝葡萄酒的继承和发展。北宋朱肱（公元1050—1125年）的《北山酒经》记载了用葡萄和米混合加曲酿酒的方法。苏东坡是有名的美食家，他在《老饕赋》中写道：“引南海之玻黎，酌凉州之葡萄。”说的是南海的玻璃酒杯最有名，凉州的葡萄酒也是最有名的。而南宋临安虽然繁华，但葡萄酒却非常稀少珍贵。因为山西太原等主要的葡萄和葡萄酒产区已沦陷为金国统治。陆游的《夜寒与客烧干柴取暖戏作》诗云：“如倾潋潋葡萄酒，似拥重重貂鼠裘。”诗中把喝葡萄酒与穿貂皮大衣相提并论，可见珍贵。

（七）元明清的白与红

此时期的酒品特质，主要是白酒成为中国人饮用的主要酒类。

几千年来，中国人的酒杯中盛着水酒、米酒、黄酒，酒的度数并不高，《水浒传》中武松进景阳冈喝的18碗酒，李白斗酒诗百篇，喝的都是低度酒。真正高度的酒是白酒。又名白干、烧酒、火酒，有些少数民族地区称作阿刺吉酒，意为“再加工”之酒，是以粮谷等为原料，以酒曲、活性干酵母、糖化酶等为糖化发酵剂，经蒸煮、糖化发酵、蒸馏、储存、勾调而制成的蒸馏酒。

白酒的起源有几大说法。1981年，考古学家马承源先生撰文《汉代青铜蒸馏器的考察和实验》，介绍了上海市博物馆收藏的一件东汉初期至中期的青铜蒸馏器，由甑和釜组成。经多次蒸馏实验，所得酒的度数平均为20%vol左右，由此推断出东汉时期已出现白酒。在四川彭州市、成都市新都区，先后两次出土了东汉的“酿酒”画像砖，其图形为生产蒸馏酒作坊的画像，与四川传统蒸馏酒设备中的“天锅小甑”极为相似。故有人把最早的白酒时代归于汉。

但也有人论证白酒起源于唐代。唐代文献中“烧酒”“蒸酒”之名都已有

出现。诗人雍陶诗云："自到成都烧酒热，不思身更入长安。"可见唐代的烧酒之名，已广泛流传了。

宋代也是白酒起源说的一种。北宋田锡的《麴[①]本草》中曾经描述了一种美酒，是经过2～3次蒸馏而得到的。度数较高，饮少量便有醉意，诚如白酒。《宋史》记载："太平兴国七年，泸州自春至秋，酤成鬻[②]，谓之小酒，其价自五钱至卅钱，有二十六等；腊酒蒸鬻，候夏而出，谓之大酒，自八钱至四十八钱，有二十三等。凡酝用秫、糯、粟、黍、麦及曲法酒式，皆从水土所宜。"说明从北宋起就有蒸馏法酿酒了，因为其中所指的"腊酒蒸鬻，候夏而出"正是今日大曲酒的传统方法，是用粮食酿造的一种蒸馏酒。

但最为专家认可的还是元代。有人认为，正是阿拉伯人在8～9世纪时发明了蒸馏酒技术，后元人征西欧，途经阿拉伯，将酒法传入中国。当时中国与西亚和东南亚交通方便，往来频繁，章穆（公元1743—1813年）写的《调疾饮食辨》中说："烧酒，又名火知酒、'阿剌古'。'阿剌古'番语也"。明代药物学家李时珍（公元1518—1593年）是白酒元代说的代表人物。他在《本草纲目》中写道："烧酒非古法也，自元时始创，其法用浓酒和糟入甑，蒸令气上，用器承取滴露，凡酸败之酒皆可蒸烧。近时唯以糯米或黍或林或大麦蒸熟，和曲酿瓮中十日，以甑蒸好，其清如水，味极浓烈，盖酒露也。"

酒筹 · 行酒令

明清两代可以说是中国历代酒与酒文化的又一个高峰，饮酒特别讲究"陈"之字，以陈作酒之姓，"酒以陈者为上，愈陈愈妙"。此外，酒令五花八门，所有世上的事物、人物、花草鱼虫、诗词歌赋、戏曲小说、时令风俗无不入令，且

① 麴（qū）：同"曲"。
② 鬻（yù）：本义为粥，此处指酿酒所用的原料谷物。

雅令很多，把中国的酒文化从高雅的殿堂推向了通俗的民间，从名人雅士的所为普及为里巷市井的爱好。把普通的饮酒提升到讲酒品、崇饮器、行酒令、懂饮道的高尚境地。明清以后，地域文化促成“酒域文化”，节令专用酒也十分流行，如元旦饮椒柏酒、正月十五饮填仓酒、端午饮菖蒲酒、中秋饮桂花酒、重阳饮菊花酒。清代，京城达官贵人们崇尚黄酒，中下层百姓则多喜欢价廉味浓的烧酒。

今天，酒业在科学越来越高度发展，也越来越将健康、安全的饮酒作为制造业的方向，如何生产出畅饮而不伤身的好酒，成为酒业的主要攻关目标。因此而有诸如“茗酿”这样集茶与酒一身的新款问世，也是应运而生，趁势而为的了。

二、茶的历史变迁

茶酒的诞生，是一个演进的过程，它离不开茶与酒之间各自的演进，所以我们必须了解茶与酒在没有调和之前的各自发展。这一部分我们简单叙述茶的历史变迁。

中华民族至少已有3000余年的用茶、种茶的历史。作为世上三大无酒精饮料，那时候咖啡和可可还远远没有问世。最初茶被称之为“荼”，而“荼”则有三种指代：一为白茅草；二为苦菜；三为茶，也称苦荼。《诗经》中出现“荼”这一词的共有七首，很难确定哪一个“荼”字更像是茶。有人以为《诗经·谷风》中的“谁谓荼苦，其甘如荠”较为接近于茶，明末清初大学者顾炎武则以为《诗经》《论语》中，都并无一字提到茶，中国最早的植茶年代，有人以为当是西汉吴理真结庐四川蒙山时期。在学界也有争议，但周时古巴蜀人已经开始种茶，这点还是可以从后世典籍记载《华阳国志》中得以体现的。

（一）春秋两汉食茶起源

春秋至两汉，中国的茶逐渐发展起来，春秋时曾有关于齐相晏婴以茶作菜肴的记载，而西汉时期王褒所做的《僮约》已有关于茶的多种信息。秦汉时期，茶业随巴蜀与各地经济文化发展导向，首先向东南部传播，茶的药用被普遍肯定，饮用已经开始。西汉末年，出现茶市、茶商，茶已成为商品被长途贩卖。在长江流域中下游地区，山中不但有野茶可供人采摘，而且还有野生大茶树，已经出现了人工栽培的茶树。有《桐君采药录》记载："武昌、庐江（今安徽境内）、晋陵（今江苏常州市武进区）好茗，而不及桐庐（今浙江境内）。"茶的最早功能是以药效进入人类生活的，因此，《桐君采药录》对茶的记录有着合乎逻辑的药理基础。我们至少可以说，至汉末三国时期，今天的江浙一带已经生长着优质的茶叶。此一阶段，茶在南朝已普遍作为饮料。

（二）三国两晋南北朝茶兼食饮

三国（公元220—280年）两晋（公元265—420年）南北朝（公元420—589年），近四百年间，为中华民族再次大融合的历史时期。茶借此历史机遇，从巴蜀地区进发长江中下游流域。三国时期，"山实东吴秀，茶称瑞草魁"，孙吴的半壁江山中，栽种茶树的规模和范围在中国版图中已成主要区域之一。而西晋进入东晋之际的永嘉南渡之后，以旧时王谢为代表的北方豪门过江侨居，上流社会崇茶之风开始盛行，西晋《荆州土地记》记载说："武陵七县通出茶，最好"，说明荆汉地区茶业的明显发展，植茶由浙西扩展到今温州、宁波沿海一线。东晋和南朝时，长江下游宜兴市一带的茶业已盛兴起来，巴蜀独冠天下的格局，此时似已不复存在。至南朝，中国南方已普遍饮茶，并开始形成特有的制茶与饮茶方式。

饮茶习俗在南方的时尚化传播，也流传到了北朝高门豪族，又由士大夫阶层携引，在庙堂之间登堂入室，从精神层面上与人心相濡于沫。经过毁誉参半的较量之后，饮茶之风终于获胜。茶不但作为一种普遍的解渴饮料、也作为一种高度的精神象征，进入士兵、僧人和普通百姓之中，进而向边疆发散，走向世界。结合那个时代的精神思潮，中华茶文化，开始从儒、释、道的精神土壤里孕育诞生，呈现出了其三位一体的茶文化初相。由此，茶从人的生理药用、食用、饮用和象征性的礼祭之品，开始全面向中国人的精神领域里渗入。

（三）唐代煎茶大兴

唐朝（公元618—907年）为中国历史上一个散发出阵阵茶香的王朝，"茶"这一字在这个历史时期真正取代了"荼"。经过十几个世纪的酝酿，茶这朵芬芳的文化奇葩，终于在中华大地上盛开。此时，长江中下游地区成为中国茶叶生产和贸易中心；茶成为国家经济重要资源；茶税等国家的茶政要务在这个朝代确立，茶政从此发端绵延至今；诗人们开始如吟唱酒歌一般地吟唱茶歌；中国周遭国家与地区开始接受唐帝国强大的茶之感染力；茶越来越被公认为一种深刻而又普及的精神饮品；茶饮开始呈现国饮所应具备的内在品质与外在形态。

从饮茶地域上看，此时的中原和西北少数民族地区，都已嗜茶成俗，地域性已消失，南北皆饮，是饮茶作为国饮开始出现的标志。从饮茶人身份看，饮茶已没有身份地位的象征，成为一切人的嗜好。两晋南北朝时期建立在士大夫阶层之上的象牙塔般精深的贵族化的茶文化精神需求，已经在大唐盛世下降，成为塔的底盘，一种普世精神。这种精神与中国民间世俗传统中降妖镇魔的法力联想结合，具有更为现世的实际意义。举凡王公朝士、三教九流、士农工商，无不饮茶。“不问道俗，投钱取饮”，饮茶几近狂热。从饮茶作用来看，茶已被看作生活的必需品，《旧唐书·李珏传》如是说：“茶为食物，无异米盐，于人所资，远近同俗。既祛竭乏，难舍斯须，田闾之间，嗜好尤切。”而后，中华各民族逐渐将茶作为须臾不可分离的生命的组成部分。

唐朝的制茶和饮茶工艺已经成熟，唐代之茶，以“煮饮”或“煎茶”为法。所谓唐煮，自然说明唐代之茶是煮出来的。无论制茶、煮茶、饮茶，都有了系统化的专门工具和程序技术。有严格规则的制作茶汤与饮茶程序，正是从唐代开始的。而最初将饮茶方法系统化并记录下来的，则是茶圣陆羽和他的《茶经》。时人就有评价，《封氏闻见记》说：“楚人陆鸿渐为茶论，说茶之功效，并煎煮炙茶之法，造茶具二十四事，以都统笼贮之，远近倾慕，好事者家藏一副。”

（四）宋代斗茶鼎盛

宋代（公元960—1279年），茶文化处在其发展的一个精尖顶端，呈现出了以下几个特点：一是华夏各民族大交融带来的品饮习俗大传播；二是人们精神层面上的承上启下，大唐气势中的张扬外扩，渐被宋代理学观念导致的内省方式取代，而这样的沉思的品格，也渗透到了茗饮的生活中去；三是茶的制作技艺开始分化，一面是由精美而进入奢侈终于导致紧压茶的逐渐没落；另一面，则是民间那生机勃勃的散茶充满野气地在山间寺院自生自长，自得其乐，而她出山的日子，也已经指日可待了；四是茶礼茶仪纵深向皇家茶与民间茶两端发展，市民茶文化活动不可遏制地澎湃兴起；五是承继唐代文士的浪漫情怀，茶与各相关艺术门类有了更为深入更为全面的结合。

此时的茶，从中心到边疆，更多地向四周发射。后唐和契丹，吴越和高丽、新罗都有很多茶事往来，入宋之后这种茶习俗的辐射更加深入。同时，茶又开始扩散至宫廷，真正进入最高统治者的宫廷生活。宋代从唐代的文人，隐士，僧人领导的茶文化时代，进入皇帝亲自领导的时代，皇亲国戚的热衷参与，背后有文士高人的引领推动。宋徽宗著作《大观茶论》，是那个时代茶叶文献的经典代表作。而贡茶中的龙凤团茶，则是历代贡茶中的绝品。

后来市民茶俗大兴。茶以文化象征物与生活必需品的双重身份出现，进入人们的精神世界。宋代，大量的集市涌现，不再划分商品交易市场，到处可买东西，而勾栏瓦肆的出现，更是促进茶坊如雨后春笋般出现，真正意义上的茶馆模式在这个时代兴起，此时的华茶，已彻底成为国饮，中原茶文化通过国家行为向周边民族和

团茶（饼茶）

散茶（今叶茶）

当代窨制的花茶

国家交流传授，奠定以后千年中国北方民族的饮茶习俗，甚至成为中原控制边地的基本“国策”。

《梦粱录》中专门记载说：“盖人家每日不可阙者，柴米油盐酱醋茶。”

继经典的“唐煮”之后，人们迎来了“宋点”的时代。因为品饮的方式不同，制作的方式也不同，出现了三种品类的茶。

第一种品类的茶，称作团饼茶（或饼茶、蜡茶），是以研膏（紧压）茶的工艺制作方式。

第二种茶称作散茶（时称草茶，今叶茶）。此茶的特点是蒸后不碾、不磨，也不用压制，直接熔干即可。

第三种茶称作花茶，以花与茶相窨的方式制成茶，这在茶叶生产史上，可说是一个非常重要的创造。

饮茶方式也发生了大变化，从煮茶进入点茶——新的茶之品饮审美方式出现。就是将茶研磨成末置于茶盏、并以沸水点冲、用茶筅击拂出丰富沫饽的一种技艺。这是一种极其讲究的品茶生活技艺，并催生了斗茶的兴起，成为品评茶高下的重要方式。

“茶兴于唐而盛于宋”。宋代茶文化的盛事，是中世纪人类品茶艺术登峰造极的标志，在世界茶文化发展史上，起着最重要的承上启下的作用。也就在这个历史时期，“茶酒”这种新式饮料的大胆设想，被苏东坡最早提了出来。

（五）元明清散茶主流

元、明、清三代茶类以色彩区别，亦在这一时期开放出绿、红、黄、白、青、黑的多姿多彩，饮茶方式也在这个单元与前朝形成巨大区别。其中元代为紧压茶走向散茶的过渡时期，明代始，则进入以散茶冲饮为主要饮茶方式的时代。这种饮茶史上的革命性的方式，带来了与茶相关的诸多方面的重大改变，给时代留下了深刻印记。

元、明、清茶事大约可以列出以下几点：

一是制茶技术的革命。贵为皇家贡品的团茶让位于散茶——1391年朱元璋下令正式废除进贡团茶。罢进团茶，改进散茶，自此开始。上行下效，茶叶炒青技术自此普及，成为沿袭至今的制作绿茶的主要方式。同时茶类制作开始百花齐放——花茶在这一时期制作技艺完善成熟，红茶、乌龙茶都在这个时代诞生并迅速风行；现代茶类形成，各类名优茶有数百种之多，如碧螺春、黄山毛峰、武夷岩茶、龙井茶、君山银针、普洱茶、白毫银针、铁观音、祁门红茶等。

二是品饮艺术的跟进，繁复的点茶演进为简约的冲泡，饮茶成为人人可行的风雅之事。

三是中华各民族以茶交融掺和，边茶贸易更趋频繁。

四是茶向外的延伸扩展，中国向世界输出中国茶与中华茶文化。

元、明、清茶事，用600余年完成了一个重要的更新与转型，无论制作、销售，品饮，茶都处在重大转型期，一切因此带来的新生与消亡、兴奋与悲凉、收获与失去、振作与无奈，都在小小一片茶叶上呈现。此一阶段的茶文化历史，凝聚着更复杂多变的社会动荡与更替元素。

晚清资本主义进入中国，印度、锡兰（今斯里兰卡）、日本开始出口茶叶，华茶帝国一花独放的格局，从此一去不复返。十七世纪开始的环球茶叶远航，不但完全改变了世界茶叶的格局，更影响了全球三分之二人口饮品的结构，可谓人类食物选择生活方式的一个极为重要的历史阶段。中国是世界茶业强国，茶叶产量高，种类多，直至19世纪80～90年代，茶叶生产和出口仍居世界首位。1782年，清政府改组广州“公行”，十三行管理茶叶外贸。1821年，上海始有绿茶贸易。1840年之后，中国五口通商，茶叶作为大宗的出口产品，1843年，中国茶叶外销由广州改自上海等地。1868年中国海关始有茶叶输出统计。1886年，中国茶叶出口达134099吨，创历史最高纪录。1887年，中国茶叶出口降至第二位，一花独秀的局面从此改变。中国茶业经济跌入低谷。整个二十世纪，对中国茶叶而言，可说是凤凰涅槃的悲壮过程。

（六）现代和当代茶业的凤凰涅槃

我国现代和当代茶业可划分为两个阶段。1911--1949年，华茶在艰辛跋涉的低谷下薪尽火传。外部，中国茶业受到前所未有的国际大冲击，由盛而衰，印度等国后来居上；内部，中华民族灾难深重，半殖民地半封建社会的现状严重制约华茶发展，影响茶文化的前行。现代文明对中国茶业有了实质性的冲撞，使茶叶在各个环节都有了与中国传统茶学不同的面貌；但现代茶学的格局与诸多方面的建设，也都在这个年代里打下基础。出现了一批茶学界的新型知识结构的杰出茶业工作者，并孕育了其中的代表性人物吴觉农先生。

被誉为当代茶圣的吴觉农先生是中国茶业复兴、发展的奠基人，是中国现代茶学的开拓者，是享誉国内外的著名茶学家，更是我国茶界的一面光辉的旗帜。其所著的《茶经述评》是当今研究陆羽《茶经》的权威著作，他还最早论述了中国是茶树的原产地。

吴觉农（公元1897—1989年）
图片来源：百度百科

整个20世纪，对中国茶叶而言，是一个凤凰涅槃的悲壮过程。1949年中华人民共和国成立以后，中国茶业开始从谷底反弹，发展迅速、良好。国家大力扶持茶农恢复发展生产，建立了相应的各级组织；1949年12月，在北京召开了第一次全国茶叶会议，成立中国茶业公司，吴觉农任经理，并在各有关省市设立分公司。中国茶叶在世界上重新崛起。1976年，中国茶叶总产量再次突破20万吨大关，超过斯里兰卡。1984年，中国茶叶出口量创当时的历史最高纪录，达13.9万吨。这是一个特别重要的数字，因为我们的民族过了98年之后，终于超过了当初的茶叶出口量——13.4万吨。

2020年，全国茶园面积约为4748万亩，茶叶年产量约为298.6万吨，分别占世界的62.1%和47.6%，稳居世界第一位。所产茶叶中，每年有30多万吨出口。中国茶园面积占世界第一，产量占世界第一，消费总量占世界第一，出口量占世界第二，出口金额占世界第一；中国绿茶出口占世界贸易总量的70%。

而今天的世界茶叶格局，茶叶种植面积跨度大，涉及国家多；种茶国家近70个，五大洲茶园面积达500多万公顷，160多个国家和地区的人民有饮茶习俗，全球茶叶消费量近600万吨。茶文化已不再仅仅是东方文化，它在走向西方的时候，西方茶文化的品饮习俗也在悄悄地影响东方；茶文化在世界范围内的精神性越来越强，茶被誉为21世纪的饮料，2019年11月27日，联合国通过了每年5月21日为“国际茶日[①]”的设定，2022年，世界茶人已经度过了第三个国际茶日，茶在人类文明的进程中，开启了新的格局和风貌。

茶树最早为中国人发现，最早为中国人由野生变为人工栽培，茶叶最先为中国人药用、食用、直到饮用和品用，茶叶和茶种最早由中国传播至世界各地。茶，就这样从华夏远古的自然进入人文，与中华民族相伴相生，直到今天。

第三节 茶酒的演变——相爱相融相辅相成

酒与茶有各自的特性，好奇的人类由此催生出一种新的探索，以茶酿酒，融合二妙岂不美哉？人们开始不满足在茶与酒的不同风味中品尝，它们希望在同一个瓶子中品饮到茶酒的融合滋味，一种新的饮料味道诞生了。

① “国际茶日”：于2019年11月27日第74届联合国大会宣布设立，时间为每年的5月21日，以赞美茶叶对经济、社会和文化的价值，是以中国为主的产茶国家首次成功推动设立的农业领域国际性节日。

一、茶酒的起源

这种茶酒饮料的新梦想和一个大诗人有关。人们一般以为，真正产生了将茶酒合体创想的先人，是800余年前北宋苏轼（公元1037—1101年），他留翰墨遗珍，古籍引注，亲自实践，首次记载了以茶酿酒的创想。

（一）名副其实的酿酒高手

与众不同的苏东坡，在“把酒问青天”的时候也与众不同。不仅将酒作为宴饮交际、激发文笔思绪的工具，他还“尤喜酿酒”（《书东皋子传后》），是位名副其实的酿酒名手。

虽说苏东坡创作的有关酒的诗词在文人士大夫阶层中很受欢迎，但其实他并非酒徒，更在意的是酒给人带来的精神享受而非感官刺激。苏东坡其实酒量并不大，只是酒风很好，且酒趣横生。他以酿酒为趣，在饮得美酒时，也广泛收集和学习酿酒之法，寻得酿酒良方后，亲自酿造。从东坡诗文中可知，他亲自酿过蜜酒、桂酒、中山松醪酒、真一酒、天口冬酒、万家春酒、罗浮春酒等多种酒品。最让人赞叹的是，他不局限于依方酿酒，更善于钻研，积极改良酿酒技术，甚至探索酿制新的酒品。

他的诗文往往详细记录酿酒过程方法，各种酒酿成后的品相口味特征，酿酒技术的传承，成酒酒品的品鉴，都在他的生花妙笔中一一呈现，他总结了自己一生的酿酒方法和经验，著成了《东坡酒经》，文中涉及酿酒的方法、时间、原料多少、酒曲制作等，内容详尽，为依方酿造提供了条件，被人们视为中国酿酒史上的经典之作。

经苏东坡改良和研创的酒，多成为隽永的美酒。“酿成不减王晋卿家碧香”（《与钱济明十六首其五》），那是和人间相比；“酿成而玉色，香味超然，非人间物也”（《桂酒颂》），那就不是和人间比，是与神仙比了。“甘露微浊醍醐清”（《蜜酒歌》），甘露醍醐都是直接供仙人喝的酒，这些都是东坡对自己所酿之酒的描述。

（二）相伴终生事茶人

宋代是中国茶文化一个登峰造极的时代，生活在这样一个茶时代中的苏轼，对品茶、烹茶、茶史等方面的实践，完全不下于对酒，可以说有极深的研究和体味。

在他的诗文中，有许多脍炙人口的咏茶佳作，流传下来。

苏东坡的一生，可为真正的浪迹天涯。因任职或遭贬谪，他到过许多地方，每到一处，凡有名茶佳泉，他都留下诗词文章。这些文字，最深刻地就是记录下诗人自身对茶的品质认识，精神描述，是对茶的文化性的高度认可。例如散文《叶嘉传》，以拟人手法，形象地称颂了茶的历史、功效、品质和制作等各方面的特色。同时，他也对茶的功能做了有趣的阐述。如元丰元年（公元1078年），苏轼任徐州太守时作有《浣溪沙》一词："酒困路长惟欲睡，日高人渴漫思茶，敲门试问野人家"，形象地再现了他思茶解渴的神情。当然，对茶的品种的了解与歌颂也是他诗歌的主要内容。如"千金买断顾渚春，似与越人降日注"是称颂湖州的"顾渚紫笋"。而对福建的壑源茶，则更是推崇备至。他在《次韵曹辅寄壑源试焙新茶》一诗中这样写道："仙山灵草湿行云，洗遍香肌粉末匀。明月来投玉川子，清风吹破武林春。要知冰雪心肠好，不是膏油首面新。戏作小诗君勿笑，从来佳茗似佳人。"人们将他的另一首诗中的"欲把西湖比西子"与"从来佳茗似佳人"辑成一联，成为一副名联。

苏轼对烹茶亦有自己独特的方法，他认为好茶还须好水配，"活水还须活火烹"。他还在《试院煎茶》诗中，对烹茶用水的温度作了形象的描述。他说："蟹眼已过鱼眼生，飕飕欲作松风鸣。"以沸水的气泡形态和声音来判断水的沸腾程度。苏东坡对烹茶用具也很讲究，他认为"铜腥铁涩不宜泉"，而最好用石铫①烧水。据说，苏轼在宜兴时，还亲自设计了一种提梁式紫砂壶。后人为了纪念他，把这种壶式命名为"东坡壶"。

苏东坡对茶功效中的药理性，也深有研究和体验。熙宁六年（公元1073年）他在杭州任通判时，一天，因病告假，游湖上净慈、南屏诸寺，晚上又到孤山谒惠勤禅师，一日之中，饮浓茶数碗，不觉病已痊愈。便在禅师粉壁上题了七绝一首："示病维摩元不病，在家灵运已忘家。何须魏帝一丸药，且尽卢仝②七碗茶。"苏轼还在《仇池笔记》中介绍了一种以茶护齿的妙法："除烦去腻，不可缺茶，然暗中损人不少。吾有一法，每食已，以浓茶漱口，烦腻既出而脾胃不知。肉在齿间，消

① 铫（diào/tiǎo）：异体字"铫"。
② 仝（tóng）：同"同"。

缩脱去，不烦挑刺，而齿性便若缘此坚密。率皆用中下茶，其上者亦不常有，数日一啜不为害也。此大有理。”

（三）茶香自溢浆无色

正因为苏轼对酒与茶都具备了精深的研究和实践的兴趣，所以，关于制造一种新的饮料、也就是茶酒的想法便应运而生。在他的设想中，以茶叶发酵而酿成的酒，综合了茶香与酒醇的特色，故苏轼说：“茶酒采茗酿之，自然发酵蒸馏，其浆无色，茶香自溢”。苏轼将创想中的“茶酒”，以“七齐”“八必”作为茶酒酿制法度之要义，并添“酒礼”“酒德”之说，丰富了茶酒文化的精神内涵。

所谓“七齐”与“八必”之精论，总结来说就是要天时地利人和，缺一不可。其中七齐，讲的是酿茶酒材料、工序和匠人技能的完备，总体为：

茶茗齐；曲药齐；甘果齐；水泉齐；陶器齐；炭火齐；人心齐。

八必应当是酿此类酒时的规则：

一是人必知节令：酒工不懂节令便无法酿酒；
二是水必甘软硬冲和：水软酒甘，香气浮外，嗅之有香，饮之无味；
水硬酒烈，香气聚内，嗅之不佳，冲和最美；
三是曲必得时而调：投曲发酵必因时调和，酿酒最佳；
四是茶茗必实：茶质量必好才能发酵，将酒中物质溢出；
五是陶必粗：器粗透气，发酵稳定；
六是器必洁：器必洁去异味；
七是缸必湿：发酵器物湿润，菌类活化好；
八是火必缓：用火不能急，急酒体辛辣，缓酒体绵和。

茶酒在口感上融合了茶的芳香和酒的醇厚，在此基础上苏轼另添酒品七条，酒德九条，把茶酒演绎成兼具实用与文化的时尚饮品。七品：

一品“自然之妙”，回归自然；
二品“文武之争”，幽雅醇烈；
三品“诗画异境”，美妙幻化；
四品“重霄揽月”，文士豪情；
五品“东篱采菊”，返璞归真；
六品“泛舟五湖”，归隐忘怀；
七品“秋林归庄”，憩于宁静。

九德：

一德“观色取浆”，玉液养目；
二德“茶香四溢”，嗅之通慧；
三德“入口绵醇”，甘味生津；
四德“齿涎喉爽”，悠然暖腹；
五德“腑生元气”，俄尔化之；

六德“酒过三巡”，醉意一分；

七德“辞别珍重”，酒礼不废；

八德“眠能安神”，气血调和；

九德“进食加餐”，鹤发童颜。

人类的各种饮料中，茶和酒的完美交融，不正是一种兼容并包的中国式哲理的体现吗？不正是剑气箫心的中国传统文化精髓的完美折射吗？从上古的传说直至北宋苏轼整理引注，东坡先生实践的是酒神黄帝的精神，智慧地化解了大禹的担忧，这独具的创意，就这样打开了酿造茶酒的篇章。

二、茶酒的潜进演变

随着酒与茶的变迁发展，茶酒也在悄然安静中潜进演变。这是中国文化的使然，也是文脉承传中的一部分，发展至今天，终于以“茗酿”为标志，完成了茶酒的科学性达标要求。

（一）独设酒坊酿茶浆

我们必须清晰地意识到，茶与酒虽然是物质形态的饮料，但在本质上都离不开精神饮品的属性。没有人文精神性，茶、酒这两种饮品就根本不可能存于人世。但显然它们的精神品相是极为不同的，在契合人类精神生活的功能性上，它们各自扮演着各自的角色。而茶酒创始人苏轼的梦想，是企图把这两种精神饮品，完全投放在一起，酿造成一种新的精神饮品。而自宋代开始，文人在生活雅事中便继承了中国文化的这一茶酒之脉。

泸州老窖“茗酿”茶酒

例如，苏轼曾于宋哲宗绍圣年间被贬惠州，他自建新居，取名“白鹤”。后来大书法家米芾[①]（公元1051—1107年）过访白鹤居时，留下一首题壁七言绝句诗《过白鹤居》：

白鹤居里翰林公，七齐八必酿茶浆。
梦里注释引古法，异想天开设酒坊。

这首诗描述了苏东坡异想天开、以茶造酒的一段轶事。苏轼将创想中的“茶酒”以“七齐”“八必”作为茶酒酿制之法，米芾赞扬苏轼的这种异想天开，曾在《夜饮论酿》中唱道：

望高山兮，日沐浴春芽兮。
望高山兮，秋风又发茗兮。
望高山兮，何日酿茶浆兮。
望高山兮，诗天地造化兮。
望高山兮，福祉众生乐兮。
望高山兮，梦翰林坊酿兮。

古往今来，有多少文人尝试着，想要完成苏轼这一梦想，但最终都没能如愿。元朝初年，钱塘文士张雨（公元1283—1350年），设想着依照“七齐八必”之法酿造茶酒款待诗友。包山寺高僧慧觉禅师专门赋诗记下其事说：

嵋山翰林留逸事，梦中幻觉注此方。
昨日东阁畅胸意，品茗醉似酿茶浆。

另一位文友画家冯全应邀悦其事，以画笔将诸文士沸茶酿酒逸事留图卷中。

① 芾（fú）。

而明朝画家沈周（公元1427—1509年），也曾写诗记录温州知府文林效仿苏轼酿酒而未能如愿的轶事，从子文衡山绘“家翁沸茶酿酒图”传于后世。

清人郑板桥居扬州时，也曾似想完成苏轼梦想以茶酿酒的雅趣，扬州八怪之一的杭州藉画家金冬心书联“辞官扬州挥素墨，煮茶效仿翰林公”相赠，预祝他酿茶酒成功。而同样是杭州藉文人袁枚（公元1716—1798年）的诗里直接出现了“茶酒”二字——《赋茶酒歌》：

一别吴郡思新诧，重来南楚鬓添霜。
清谈犹是苏玉局，梦里开坊酿茶浆。
江水悠悠不知远，山风习习渐加凉。
坐看春溪忘情态，揽月赋诗爱夜长。

诗人张漱石与袁枚比邻，亦赋茶诗：

细雨潇潇欲晓天，半床花影伴书眠。
朦胧正作翰林梦，独设酒坊酿茶浆。

这些茶酒诗都写得非常优美，但严格意义上，都只能称作精神品饮，或者称梦想品饮。因为事实上，从苏东坡开始，到晚清，尚无人真正酿造出茶酒来。

（二）现当代茶酒的技术进步

茶酒的梦想传承既然如此久远，为何从前市场上的茶酒几乎没有呢？主要原因在于茶叶酿酒的难度很大，直到现当代，茶酒酿造的技术才开始进步，梦想也终于照进了现实。

近现代的茶酒起源，可以追溯到云南纳西族用茶和酒冲泡调和而成的“龙虎斗”茶酒，它被认为是解表散寒的一味良药，因此，“龙虎斗”茶受到纳西族的喜爱。其制作方法也很奇特，配方为茶叶5～10克，白酒适量。首先用水壶将水烧开，与此同时，另选一只小陶罐，放上适量茶，连罐带茶烘烤，为免使茶叶烤焦，还要不断转动陶罐，使茶叶受热均匀。待茶叶发出焦香时，罐内冲入开水，烧煮3～5分钟。同时，另准备茶盅，一只放上半盅白酒，然后将煮好的茶水冲进盛有白酒的茶盅内。这时，茶盅内就会发出“啪啪”的响声，纳西族同胞将此看作是吉祥的征兆。声音越响，在场者就越高兴。纳西人认为“龙虎斗”还是治感冒的良药，因

此，提倡趁热喝下。如此喝茶，香高味酽[①]，提神解渴，甚是过瘾！但纳西族人们认为，冲泡“龙虎斗”茶时，只许将茶水倒入白酒中，切不可将白酒倒入茶水内。

鸡尾茶海报

而真正现代意义上的茶酒起源，一般人们认为于20世纪40年代，由复旦大学王泽农教授用发酵法制备茶酒，由于战乱当时未能面市。但即便那个时候，人们在茶酒上的想象力也依然十分丰富。

鸡尾茶的概念来自鸡尾酒，也就是调和茶的意思，在近代民国时期曾经非常流行，即便是放在我们现在这个时代，也是很多有情调的茶客（尤其是女茶客）所热衷的。这张鸡尾茶海报，上写着用八省十八种名茶配制，可以当清凉饮料，可加牛奶或柠檬茶，特别是包装上那只大尾巴公鸡，真是够直白的图腾！

尽管如此，这些西方的“茶酒”仅仅是将茶汤加入含酒饮料中而已，离严格意义上的茶酒还有相当的距离。

近现代以来，茶酒产业的发展并未遂东坡先生之愿，原因在于以下三点：首先是茶叶的含糖量太低，不利于生物发酵；其次是茶叶中的多酚含量高，抑制酵母生长，也不利于发酵；三是茶酒中的多酚会使酒的口感偏苦，茶汤出现沉淀、变色等不稳定现象，不利于茶酒的推广，这正是历代酒家与茶人想要攻破的难题。所以，创新茶酒生产工艺，生产出具有丰富的茶多酚的茶酒，是茶酒研制的重要突破口和当务之急。

自20世纪80年代以来，中国各产茶省市研制生产的茶酒约有十多种。时至今日，琳琅满目的茶酒产品已经逐渐走进人们的生活，成为许多茶人、酒友生活中不可或缺的一部分。人们遵循千年古籍记载，继承珍贵的古方遗产，融合现代科学技术，创造出独特的茶酒酿造工艺，用茶叶成功酿制出茶酒，这是华夏民族酿酒史上一次创新性革命。

① 酽（yàn）：（汁液）浓；味厚。

第二章 茶酒人生

CHAPTER 02

寒食后，酒醒却咨嗟。
休对故人思故国，
且将新火试新茶。
诗酒趁年华。

宋·苏轼《望江南·超然台作》

第一节 茶酒与生活

茶酒作为一种饮料酒，具有丰富的文化内涵，在生活中既有物质形态方面的影响，也有行为形态、制度形态及精神形态方面的影响。

物质形态表现为茶酒的历史文物、遗迹、茶酒诗词、茶酒书画、茶酒歌舞、各种名优茶酒、茶馆酒楼、茶具酒器、饮茶饮酒的技艺等；行为形态表现为以茶酒待客、品鉴茶酒等等行为形式；制度形态方面表现为茶酒之政、茶酒之法、茶酒之礼规、茶酒之习俗等；精神形态表现为茶道酒德、以茶酒待客、以茶酒养情、茶酒保健养生等形式。

茶与酒，雅士之爱也。酒，令人狂，性动也，茶，令人安，性静也。酒，为五谷之精，茶，为水木之华。“寒夜客来茶当酒，竹炉汤沸火初红”，茶可当酒。而以酒当茶，多属“水浒”好汉们。“琴棋书画诗酒茶”，为传统文化之载体，历代文人雅士兼爱数事者亦多。如才子苏东坡，既有“持杯月下花前醉”，又有“从来佳茗似佳人”。酒之俗，如“酒色财气”“酒肉朋友”；酒之雅，有“举杯邀明月，对影成三人”。茶之俗，如“柴米油盐酱醋茶”；茶之雅者，有“琴棋书画诗酒茶”。酒与茶，不可不谓源远而流长，至今而不衰。

酒有酒令，茶有茶道。饮酒是聊天说事，大家聚在一起，侃东侃西，酒让人不拘束，放开自我，提升了欢快愉悦的气氛。酒令是中国特有的宴饮文化内涵之一，最早诞生于西周，完备于隋唐，是酒席上的一种助兴游戏。最早的游戏规则是指席间推举一人为令官，余者听令轮流说诗词、联语或其他类似游戏，违令者或负者罚饮，所以又称“行令饮酒”。

经历了几千年的流传和演变，行酒令的方式变得五花八门。因为最早的酒令兴起于文人雅士之间的酒席助兴游戏，带有很重的文人雅士趣味，所以常见的酒令形式则为对诗、对对联、猜字、猜谜、论语令等。随后，普通百姓则研发了一些既简单又无须任何准备的行令方式，如最常见的“击鼓传花”“猜拳”等游戏。

而茶则是自省、自解，总要表达一些感悟出来才显得对得起这杯茶。手中的一杯茶，在不同的季节，对不同年龄的人，会有不同的感悟。看茶叶忽上忽下，沉沉浮浮，变换着不同的位置，是在寻找一个属于自己的最佳点；看茶叶不停飘动，无奈分离，是诉说着人生悲欢离合的痛苦。喝上一口，苦涩在口，深吸一口气，竟能满口余香，茶它苦、它涩，但更有让你苦尽甘来的意外。喝茶总要沉淀下一些深思出来才罢休。

如今酒有魂，茶有道，茶酒调制，将二者融合于一杯之中，酒中有茶、茶中有酒。品味茶酒，使人既能陶醉于茶的芬芳典雅，同时感受到酒的深沉浑厚，如同品味人生的艺术，体验情感的交流。

如若酒与茶不能成为文化载体，无法打造成文化符号，无法进入精神殿堂，无法品饮在信仰的星空，那么它们在人类精神层面上便无足轻重。茶文化与酒文化都是中国传统文化的精华，其来源脱不开中国传统文化背景，其内容组成部分主要由儒、释、道三家构成。其中，儒家作为中国封建社会两千多年来统治阶级的主流文化意识，以“仁”为核心，以“礼”为规范，儒家文化是茶文化的主体，也成就了具有中国特色的酒文化。道家作为中华民族的本体文化，视自然为道，以“得道成仙”为修行方式，将酒视为逍遥不羁的象征，将茶视为灵丹妙药。佛教文化自汉代从西域传至中土，结合原有的汉文化变得中国化，与茶结合呈现出特有的茶禅一味精神，而酒却是三戒之一，被佛家远远拒之山门之外。

一、儒家文化中的茶酒与生活

儒家本为中国春秋时期的一个思想流派，由思想家、教育家孔子创立，后来逐步发展为以仁为核心的思想体系，是中国古代的主流意识流派，自汉以来在绝大多数的历史时期作为中国的官方思想，至今也是全球华人的主流思想基础。

中华茶文化的滥觞起始于儒家学说的核心“仁”，其表现方式呈现“仁”的“礼仪”性，茶人的精神道德诉求是成为“君子”。可以说，中华茶文化最高层面的精神事象，是由儒家学说作为文化支撑的。茶通过茶礼建立起了人与人之间的亲和关系，客来奉茶、敬茶的“奉”与“敬”字里包含着和的姿态，是一个主动示好的动作。

奉茶

这个姿态发扬光大，使其几乎成为中国每个民族的美好习俗，并延伸为更丰富的内涵。以茶聘婚，象征家庭和睦；以茶祭祀，以表达对神灵先祖的敬仰；节日的茶话会，建立起了一个群体间人与人之间的祥和。尤其天人合一的精神境界中，茶起到一个最为畅通无阻的媒介。

《论语·乡党》中记载了孔子提出的“唯酒无量，不及乱”，就是说各人饮酒的多少不能有具体的数量限制，以饮酒之后神志清晰、形体稳健、气血安宁、皆如常态为限度。“不及乱”即为孔子鉴往古、察当时、戒来世而提出的酒德标准。孔子将他的哲学理论应用于饮酒用酒的实践，大大丰富和发展了西周“酒德”“酒礼”的规范，使之更加系统化、理论化，从而形成了酒与礼相结合。

以礼达仁，是儒家文化对茶文化与酒文化的最大贡献。

二、道家文化中的茶酒与生活

道家文化是由老庄学说为理论根基的中国本土文化，它以崇尚自然、返璞归真为主旨，主张天人合一、与物为乐。

道与茶的关系，首先体现为茶的药理性。因为道教爱生命，重人生，乐人世，以人的肉体在空间与时间上的永恒生存作为最高理想，故茶的养生药用功能与道家的吐故纳新、养气延年的思想相当契合，他们通过茶滋养身体和心灵，并从中得出生命终极意义的精神领悟。其次，茶生长在深山阳崖阴林，这与道家得道须成仙的修道途径又非常契合。道教认为只有今早修仙，才能享受神仙的永久幸福与快乐。理想的成仙环境应是白云缭绕、幽静深僻、拔地通天的名山，而好山好水必出好茶。钟钦礼一幅题为《云山江水隐者图》的古代画作，明代宗林为之题了这样两句诗："道人家住中峰上，时有茶烟出薜萝。"最后，火与茶的关系与道教修炼方式有着深刻的内在关联。道家是带着火炉修炼的，这恰恰和品饮茶的方式——热饮相契。炉，是道家文化须臾不可或缺之物，也是茶文化的不可或缺之物。

道家的逍遥自由与酒天生机缘。道教所信仰的"道"是逍遥之途，是自由的象征。它无所不在，却又无形无象，虚渺混沌，只能依凭高深的内觉和静观方能感悟，这需要"坐忘"和"炼气"。奇妙的是，道教的信仰者们发现，酒的酣醉与醺然使人沉向混沌，令人暂时忘却或消除生与死、苦与乐、人与我的种种差别，于忘却中重返生动活泼、自由无羁的生命自然与率真本性，这正是道家所孜孜追求的自然德性的复返与重归。庄子深深领悟到饮酒的真谛，《庄子·渔父》中他借渔父之口阐发什么是"真"时说："饮酒以欢乐为主，就是'真在内者，神动于外，是以贵真也。'"因而，道教的仙群中喝酒最有名的"醉八仙"几乎成为明清以来神仙逍遥不羁形象的代表和酒仙的象征。

此外，道家的炼丹术促进了中国蒸馏酒的产生。东汉时期能够产生蒸馏酒，这是中华酒文化和中国传统文化共同发展的结果，其中一个重要条件就是道家的炼丹术为蒸馏酒提供了蒸馏技术。汉代葛洪

在《抱朴子》一书中记载战国炼丹术时，就记述了很多蒸馏术。进入西汉以后，由于封建统治者为了取得想象中的“长生不老丹”而提倡炼丹，乃使当时的采掘汞砂、炼制丹砂即硫化汞的冶金术十分盛行，尤其是烧丹炼汞，即升炼水银，是最重要的研究工作。而升炼水银，就必须掌握升华技术或蒸馏技术。当这种丹药蒸馏技术发展到一定阶段，就很自然地被引用到蒸馏酒的生产实践中去了。不仅如此，被视为近代化学工业鼻祖的道家的炼丹术，对中国蒸馏术对世界酿造史和科技史都产生了深刻影响。现代西方最好的酒白兰地和威士忌的成名与流行世界都与中国的蒸馏术有关，这是中华酒文化和中国传统文化对世界酒文化做出的重要贡献。

乐生养生，是道家文化在茶文化中的体现；道士爱酒，是与其热爱自由逍遥、自然恬淡的人生观紧密相关。

三、佛教文化中的茶酒与生活

佛教于公元前6世纪，由释迦牟尼创立于印度，佛陀的教育，是佛让人们止恶扬善、自尽其意的教法，两汉之际传入中国，很快在中国传播开来。

僧人嗜茶，与其教义和修行方法有关。茶能静心、陶情、去杂、生精。具有“三德”：一是坐禅通宵不眠；二是满腹时能帮助消化，清神气；三是“不发”，即能抑制性欲。而中国禅宗的坐禅，很注重五调，即调食、调睡眠、调身、调息、调心，所以，饮茶最符合佛教的生活方式和道德观念。茶在禅门中的发展，从生理功能到以茶敬客乃至形成一整套庄重严肃的茶礼仪式，最后成为阐释活动中不可分割的一部分，最深层的原因当然在于观念的一致性。禅意不立文字，直指本心，要达到它，唯有通过别的途径，而茶的自然性质，正可作为通向禅的媒介，茶与佛教的开悟顿悟相通达。

在佛教传入中国之前，印度有戒杀的传统，佛陀虽然强调不杀生，但对于素食并没有严格的要求。佛教在印度流传的初期，也并没有禁断肉食的要求。可以说，素食是中国汉传佛教的特色，这是由佛教经籍的内在要求和当时复杂的社会历史条件所决定的。在中国历史上，对于中国汉传佛教素食戒律的形成，影响最大的事件首推梁武帝下令禁断酒肉。梁武帝是中国历史上著名的虔诚佛教徒，于公元511

年，他亲撰旨在推动佛教僧团禁断肉食的《断酒肉文》，至此之后，中国汉传佛教的僧伽全面素食，并形成了独具中国汉传佛教特色的素食传统。佛教站在“六根”与外界的绝对对立的立场上，全盘否定人的欲望，“五戒”“八戒”“十戒”都有不饮酒的规定。融合，是冲突的结果，一切依心而动，任其自然，都是本心的流露，即使饮酒食肉，也不妨菩提。一些自由随性之僧曾宣称：“酒肉穿肠过，佛祖心中留”，为自己饮酒开脱，还有把酒称为“般若汤”而喝得名正言顺。

坐禅论道，一心向佛是僧家的座右铭，参悟茶禅一味之时，美酒只能让给那些山门外的俗人去喝了。

四、茶酒在生活中的渗透

承载了不同文化基因的茶酒在人们生活中的渗透具体表现如下。

（一）讲究公德礼制

茶圣陆羽《茶经》云：“茶之为用，味至寒，为饮，最宜精行俭德之人。”陆羽将饮茶不仅仅看成是为满足人的生理之需，而且将茶德归之于饮茶人所应该具有的俭朴之美德。唐代刘贞亮提出了“茶德”之说，并列举出茶的“十德”，其中利礼仁、表敬意、可行道、可雅志是谈茶的精神作用，倡导借助饮茶来推行公德礼制，借助饮茶实现人的修身养性。当代著名茶学家庄晓芳一生以身许茶、一心为茶，倡导以“廉、美、和、敬”为中心的茶德，可谓现代茶人的标准。

茶礼在生活中的发展，逐渐演变成一种协调人际关系，进行社交往来的规范程式。“寒夜客来茶当酒，竹炉汤沸火初红”，宋人杜耒在《寒夜》一诗中以这样一种款款深情，传递了茶礼的待客之道。客来敬茶，萌生于西汉末，表达了主人对客人的问候和敬意。客人来后先寒暄问候，邀请入座，主人家中立即洗涤壶盏，升火烹茶，冲沏茶水，敬上一

杯香茶。主人要讲究如何奉茶的程序，客人则留意如何接受的举动；客人饮毕后主人不能立即将余泽倾倒，要待客人走后方可清理、洗涤茶具。客来敬茶，千年来传习至今，已经成为中华民族最基本的礼仪方式。

与饮茶一样，饮酒也讲究酒礼和酒德。西周礼乐文明的产生，标志着中国传统文化中的思想观念文化已经成熟。正是在礼治文化的直接影响下，西周产生了一系列的酒礼规范。所谓“酒礼”，就是饮酒、用酒场合的礼节，主要是体现酒行为中的君臣、尊卑、长幼关系以及各种不同饮酒场合的行为规范。“酒德”的含义是说饮酒要有德行，不能像殷纣王那样“颠覆厥德，荒湛于酒。”上自宫廷，下至民间，人们在进行饮酒活动时，都要严格遵循各种礼仪规范。饮宴时，餐具和酒菜的摆放和增递程式，以及用饭、饮酒的过程都要遵循一定的规则和礼仪。酒宴的座次排列，更与官秩、名位、爵衔、尊贵、老幼相通，丝毫不得紊乱。在各种场合中，各人的身份不同，饮酒的礼仪就不同，所用的酒和酒器也不同。

儒家所推崇的“乡饮酒礼”，将饮酒作为封建礼制教化的有效途径。它分为四类，由乡吏主持其事，比较通俗而典型的酒礼规则如：饮酒不能至醉，不能失态，官员更要做到“朝不废朝，暮不废夕”；主人和宾客一起饮酒要互相跪拜；晚辈在长辈面前饮酒，称作侍饮，通常要先行跪拜，然后入席；长辈让晚辈饮，晚辈才可举杯，长辈酒杯中的酒尚未饮完，晚辈则不能先饮尽；向长者敬酒，总要说些“祝您健康长寿”之类的话；“有酒食，先生馔”（孔子语），就是说有了酒菜，应该让父母和年老人先用；“乡人饮酒，杖者出，斯出矣”（孔子语），就是说如果与本乡人一起饮酒，饮完酒后，一定要让拄着拐杖的老人先走，然后自己才能出去；主人不举杯，宾客不能先饮；“君子饮酒，三杯为度”（孔子语），等等。《尚书·酒诰》将儒家酒德归纳为四点：“饮惟祀（只有在祭祀时才饮酒），无彝酒（少饮酒以节约粮食，只有在有病时才宜饮酒），执群饮（禁止大众聚众饮酒），禁沉湎（禁止饮酒过度）。”

以儒家伦理型文化为代表的中国传统文化重在培养有道德、有修养的理想人格，重在协调人际关系，这种伦理道德精神同时反映在茶与酒的公德礼制中。

（二）用于祭神祀鬼

祭神祀鬼是中国古代非常重要的礼仪活动，《左传》云：“国之大事，在祀与戎。”一个国家的重大事务，就是祭神祀鬼和战争。

以茶为祭的正式记载见《南齐书·武帝本纪》：“永明十一年（公元493年）七月诏：我灵上慎勿以牲为祭，唯设饼、茶饮、干饭、酒脯而已，天上贵贱，咸同此制。”南朝齐武帝诏告天下，灵前祭品，只设茶等四样，无论贵贱，一概如此，是现存茶叶作祭的最早可靠史料记载。中国古代用茶作祭，有这样几种形式：一是在茶碗、茶盏中注入茶水；二是不煮泡只放干茶；三是不放茶，只置茶壶、茶盅作象征。

与茶一样，酒也具有祭祀功能。《周礼》对祭祀用酒就有明确规定：“凡祭祀，以法共五齐三酒，以实八尊，大祭三贰，中祭再贰，小祭壹贰，皆有酌数。唯齐酒不贰，皆有器量。”“五齐”是指五种味薄的低度酒，独用于祭祀；“三酒”是指三种味厚的高度酒，供天子和贵族所饮用。也就是说，凡有祭祀，依据常法供五齐三酒，装在八个樽里。祭天地等大祭，可以增添三次酒；祭宗庙等中祭，可以增添二次酒；祭五祀等小祭，可以增添一次酒，用勺盛酒于樽，有一定数量。三酒可以增添，但供祭祀的五齐不可以增添，用勺注酒于樽也有一定的数量。在古代，封建皇帝祭祖所使用的酒称为“酎”，这是一种历经多道工序精制酿造而成的高档酒。

中国的传统文化尊祖敬宗，讲究“数典不忘祖”，尤其儒家注重孝道，致使祭祀活动十分流行。茶与酒作为历史上最基本的两种饮品，被一同端上供桌。今天的人们祭祀先人，祭品中少不了一盅薄酒和一杯清茶。

（三）创收国家财政

随着茶与酒在庶民百姓中的日益普遍，茶酒所带来的经济利益就逐步显示出来，于是封建政府就着手去控制这些收入。茶之利和酒之利，在封建社会中充当的角色有着惊人的相似之处，主要体现在征税和专卖制度方面。

中国的税酒政策实行时间最长，究竟自何时始，现无法考证，但至先秦商鞅变法时，对酒实行的高价重税政策在历史上颇有名气。当时，酒价十倍于成本，用意是增加国家财政收入，限制消费，使“农不慢”，将精力集中到生产中去，这实际上是一种“寓禁于征”的酒政。

茶税起始稍晚，唐代开始国家对民间茶叶贸易实施交税制度。唐德宗贞元九年，产茶州及交通要塞处设置茶场，由主管官吏分三等定价，每十税一。税茶制度立竿见影，当年便得钱40万贯，且由朝廷直接掌握，成为国家财政支柱之一。宋朝设立官府的卖茶站，即“榷货务”，设立山场，专职茶叶收购。茶农除向官府交纳“折税茶”以抵赋税以外，余茶均全部卖给山场，严禁私买私卖。后改为“茶引制”，官府不直接买卖茶叶了，而是由茶商先到“榷货务”缴纳“茶引税”，也就是交纳茶叶专卖税。以后又衍生出“茶纲”制度，是指政府对茶运输时的管理组织，以防流通中的流失。还有“茶马互市”，是中国历史上国家以官茶换取青海、甘肃、四川、西藏等地少数民族马匹的贸易制度。

直到今天，酒与茶仍然是我们政府财政收入的重要来源，酒的税收是国家财政的最大来源之一，茶和酒还有大量出口，创收巨大的外汇。

（四）结缘文学艺术

琴棋书画诗酒茶，茶和酒作为日常生活中的普遍消费品，与中国的文学艺术结下了不解之缘。茶有茶诗、茶文、茶对联、茶歌舞、茶书画、茶戏曲等艺术形式，酒有酒诗、酒令、醉拳、酒书法、酒绘画、酒歌等艺术形式。

宋代大文豪苏东坡写道“从来佳茗似佳人”，把茶比作美女。散文中第一篇以茶为主题的开山之作，当推晋代诗人杜毓的《荈赋》，“弥谷被岗”“沫沉华浮”。明代朱权的《茶谱》、张岱的《斗茶檄》，现代鲁迅的《喝茶》、周作人的《吃茶》，都是不可多得的佳作。小说中蒲松龄的《聊斋志异》、吴敬梓的《儒林外史》、李汝珍的《镜花缘》都写到了与茶相关的情节，特别在《红楼梦》中，谈及茶事的就

约有300处，“栊[①]翠庵茶品梅花雪”中的妙玉品茶论茶，堪称经典。绘画中唐人阎立本所绘的《萧翼赚兰亭图》是世界上最早的茶画，宋代赵佶的《文会图》、周昉的《调琴啜茗图》、刘松年的《茗园赌市图》都是经典名画。《文会图》描绘的是高规格的文人聚会场景，更是茶酒融合共生的特殊载体。宋徽宗以灵动唯美的笔触把宴饮中酒和茶的独特作用及功能承启精巧地呈现出来。中部是绘画主题——聚会，下方是准备区，准备区左侧是备茶、右侧为备酒，点茶用的汤瓶、温酒用的温碗等器具悉数陈列。准备区里人物各具形态，主管者的专注、侍茶者的忙碌、奉酒者的从容与偷闲跃然纸上。

宋代赵佶《文会图》
图片来源：中国台北故宫博物院

① 栊（lóng）：窗户。

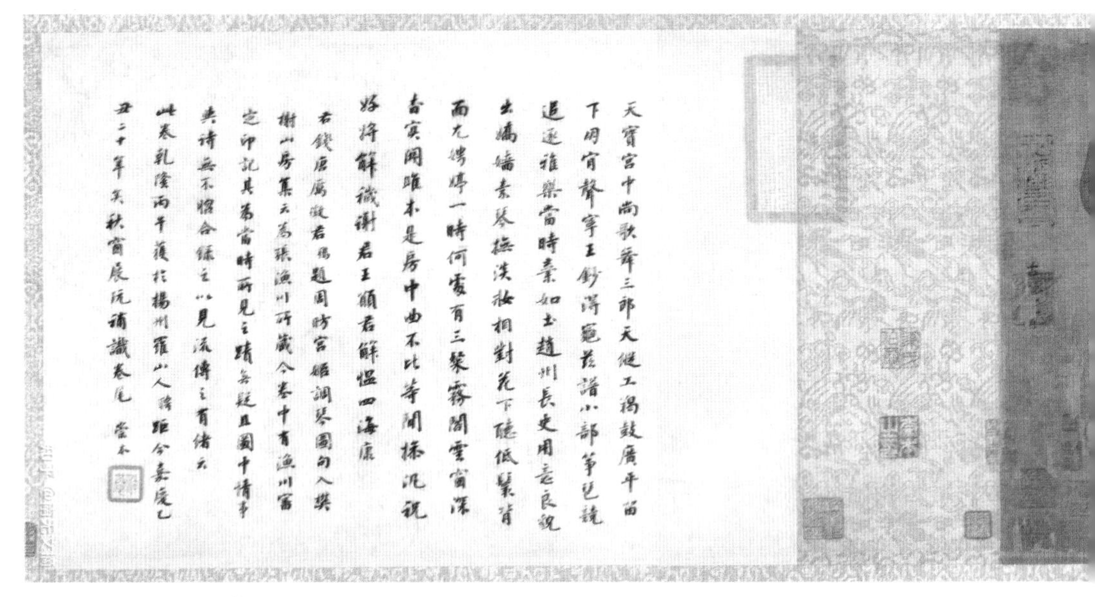

唐代周昉《调琴啜茗图》

图片来源：美国纳尔逊·艾金斯艺术博物馆

宋代刘松年《茗园赌市图》

图片来源：中国台北故宫博物院

酒是中国古今作家笔下永恒的主题，文学史之页一揭开就与酒分不开了。《诗经》三百零五篇有十分之一以上的诗篇提到了酒。屈原的楚辞也提到“众人皆醉我独醒。”政治奸雄、诗坛名家曹操则于诗中大声宣称：“何以解忧，唯有杜康。”唐代诗仙李白，其诗兴得酒而发，诗中有酒，嗜酒如命。苏东坡不仅爱茶，对酒也痴迷，还亲自动手酿过六七种酒，并写出了一篇论述酿酒技术的《东坡酒经》。散文中王勃酒中挥毫写成《滕王阁序》，欧阳修颓然而醉有《醉翁亭记》。小说中的饮酒描写同样非常多，如《三国演义》中的关羽温酒斩华雄、曹操煮酒论英雄；《水浒传》中吴用智取生辰纲、武松醉打蒋门神、宋江醉酒题反诗；《西游记》中孙悟空痛饮蟠桃宴；《红楼梦》中更是处处流溢着酒的芬芳，发酵酒、蒸馏酒、配制酒全写到了。书法中蔡邕以“醉龙”名世，王羲之酒中而有《兰亭集序》、张旭沉醉而成“草圣”。唐伯虎酒酣作画皆入神品、郑虔非醉意蒙眬不可落笔、郑板桥非饮酒至酣不为人作画。

作为物质形态的茶与酒，一旦成为精神饮品，就渗透在文人的笔触中。苏轼《望江南》词曰：“休对故人思故国，且将新火试新茶，诗酒趁年华。”在文学艺术中，茶与酒是难分难离的一对。

（五）醉与清的价值方向

人之所以为人的重要原因之一是除对现实的追求外，还要追求永恒与价值，而对永恒与价值的追求就是中国圣人先贤所追求的天人合一。

在中国文人眼里，品茶可谓既风雅又高尚，不仅能得其乐趣，更能品出茶的味外之味，得其神韵。茶树生长在高山云雾之间，吸日月之精华，被赋予了“气质清雅洁净”这一人格特征与之相应，茶人也多为雅洁之士，其思考充满理性，精神非常坚毅，修养沉着冷静，行为公正无私。唐代诗僧皎然将雪色缥沫茶汤比喻为“诸仙琼蕊浆”，将茶视为清高之物，提出真正的品茶悟道便是“三饮便得道，何须苦心破烦恼”。达此境界自然一切烦恼愁苦都烟消云散，心中不留芥蒂。

李白《月下独酌四首》云：“三杯通大道，一斗合自然。但得醉中趣，勿为醒者传。”所谓“通大道”“合自然”就是天人合一、与道冥合的境界，这种境界是在“醉”中实现的。“醉”不仅是一种助人超越功名利禄、欲望追求的工夫，它还让人打破人与人、人与物的界限，从而达到齐生死、等万物的境界，这种境界是一种集真善美于一体的存在。

茶性宁静，如一潭秋水；酒性热烈，似熊熊火焰；茶性淡泊朴素如隐逸，酒性辛辣豪放如壮士；茶使人深思，酒给人勇气；茶启发智慧，酒增添信心。综合言之，可以说茶与酒的品性恰好都反映了中国文化的一些特征。茶文化与酒文化互相

影响渗透，而处于一个共同体中，显示的正是中国文化深厚宽广和“厚德载物”的基本精神。

每个时代都在变化，也在继承和发展，根据生活的变化、时代的发展，但是依然把民族的文化传承至今。中国的传统文化，要古为今用、洋为中用，要民族的、科学的、大众的。文化自信不是一句空话，而是要将我们的文化瑰宝渗透到、运用到我们的生活当中，为人民对美好生活的追求而努力。

不忘本来、吸收外来、面向未来，是海纳百川有容乃大的胸怀，也是兼收并蓄、和而不同的底气。我们品到沉静内敛的茶慢慢变成了热情奔放的酒，这世界如此之大，孕育了千百种的品饮文化，而文化的慢慢融合，孕育了千百种的合和之美。我们希望给茶酒的合和之美留一个未来，塑造更多的可能。

今天，全世界的人都知道，与中国人打交道，无论在怎样的场合，真正的饮酒，即便是行为形态层面的饮酒，需要表达的也多是精神层面的内容——客从远方来，无酒不足以表达深情厚谊；良辰佳节，无酒不足以显示欢快惬意；丧葬忌日，无酒不足以致其哀伤肠断；蹉跎困顿，无酒不足以消除寂寥忧伤；春风得意，无酒不足以抒发豪情壮志。今天中国的酒文化实则是一种社会文化。今天，全世界的人也都知道，中国作为茶的故乡，茶叶已行销世界五大洲上百个国家和地区，世界上有70多个国家引种了中国的茶籽、茶树，有160多个国家和地区的人民有饮茶习俗，饮茶人口占三球人口的三分之二。酒与茶，就这样深深地扎进人们的生活，影响着中国和世界。

第二节 茶酒事典——文学艺术中的酒与茶

无论是浪漫的酒还是和谐的茶，都为人类创造了极美的文学艺术——音乐、美术、诗歌、散文、戏剧、小说等。在人世间，这样不同的美感交替出现，其实是缺一不可的。而在现实生活中，酒神和茶神往往出现在一张宴席上，让人们共时空的享受两种不同的美感。

一、中国古典酒诗

在文学艺术的王国中，酒神精神是无所不往的，它为文学艺术家及其创造的登峰造极之作产生了巨大深远的影响。因饮酒而获得艺术的自由感，是艺术家解脱束缚、获得艺术创造力的重要途径。无论中西酒文化，在艺术创作上，其酒神精神都是相似的。酒能激发灵感，活跃形象思维，酒后吟诗作文，每有佳句华章。饮酒本身，也往往成为创作素材。酒醉而成传世诗作，这样的例子在中外诗史中俯拾皆是。

众所周知，酒的极致是“醉”，在醉的状态下人们的思想状态是自由的，个性是独立的。但中国古典文学受儒家“温柔敦厚”的诗教说影响，在整体上呈现出一种温柔、典雅、含蓄的中和之美，以及诗意自远的心灵幽境。这是一种精神生命的活力状态。

酒是中国古今作家笔下永恒的主题，文学史之页一揭开就与酒分不开了。《诗经》三百零五篇，有十分之一以上的诗篇提到了酒。古代文人嗜酒，是不争的事实。与酒结缘一生，悲喜愁苦，诸味杂陈，体味人生，品味生活，中国古典酒诗，是华夏民族的豪迈精神之歌。

短歌行（节选）

东汉·曹操

对酒当歌，人生几何！譬如朝露，去日苦多。

慨当以慷，忧思难忘。何以解忧？唯有杜康。

将进酒·君不见

唐·李白

君不见，黄河之水天上来，奔流到海不复回。

君不见，高堂明镜悲白发，朝如青丝暮成雪。

人生得意须尽欢，莫使金樽空对月。

天生我材必有用，千金散尽还复来。

烹羊宰牛且为乐，会须一饮三百杯。

岑夫子，丹丘生，将进酒，杯莫停。

与君歌一曲，请君为我倾耳听。

钟鼓馔玉不足贵，但愿长醉不复醒。

古来圣贤皆寂寞，惟有饮者留其名。

陈王昔时宴平乐，斗酒十千恣欢谑。

主人何为言少钱，径须沽取对君酌。

五花马，千金裘，呼儿将出换美酒，与尔同销万古愁。

饮中八仙歌

唐·杜甫

知章骑马似乘船，眼花落井水底眠。

汝阳三斗始朝天，道逢麴车口流涎，恨不移封向酒泉。

左相日兴费万钱，饮如长鲸吸百川，衔杯乐圣称避贤。

宗之潇洒美少年，举觞白眼望青天，皎如玉树临风前。

苏晋长斋绣佛前，醉中往往爱逃禅。

李白斗酒诗百篇，长安市上酒家眠，

天子呼来不上船，自称臣是酒中仙。

张旭三杯草圣传，脱帽露顶王公前，挥毫落纸如云烟。

焦遂五斗方卓然，高谈雄辩惊四筵。

问刘十九

唐·白居易

绿蚁新醅酒，红泥小火炉。

晚来天欲雪，能饮一杯无？

凉州词

唐·王翰

葡萄美酒夜光杯，欲饮琵琶马上催。

醉卧沙场君莫笑，古来征战几人回？

清明

唐·杜牧

清明时节雨纷纷，路上行人欲断魂。
借问酒家何处有？牧童遥指杏花村。

致酒行

唐·李贺

零落栖迟一杯酒，主人奉觞客长寿。
主父西游困不归，家人折断门前柳。
吾闻马周昔作新丰客，天荒地老无人识。
空将笺上两行书，直犯龙颜请恩泽。
我有迷魂招不得，雄鸡一声天下白。
少年心事当拏[1]云，谁念幽寒坐呜呃。

九日送别

唐·王之涣

蓟[2]庭萧瑟故人稀，何处登高且送归。
今日暂同芳菊酒，明朝应作断蓬飞。

送元二使安西

唐·王维

渭城朝雨浥轻尘，客舍青青柳色新。
劝君更尽一杯酒，西出阳关无故人。

① 拏（ná）：持握。通“拿”。
② 蓟（jì）：古地名，在今北京城西南，曾为周朝燕国国都。

酬乐天扬州初逢席上见赠

唐·刘禹锡

巴山楚水凄凉地，二十三年弃置身。

怀旧空吟闻笛赋，到乡翻似烂柯人。

沉舟侧畔千帆过，病树前头万木春。

今日听君歌一曲，暂凭杯酒长精神。

江城子·密州出猎

宋·苏轼

老夫聊发少年狂，左牵黄，右擎苍，锦帽貂裘，千骑卷平冈。

为报倾城随太守，亲射虎，看孙郎。

酒酣胸胆尚开张，鬓微霜，又何妨！持节云中，何日遣冯唐？

会挽雕弓如满月，西北望，射天狼。

渔家傲·秋思

宋·范仲淹

塞下秋来风景异，衡阳雁去无留意。四面边声连角起，千嶂里，长烟落日孤城闭。

浊酒一杯家万里，燕然未勒归无计。羌管悠悠霜满地，人不寐，将军白发征夫泪。

浣溪沙·一曲新词酒一杯

宋·晏殊

一曲新词酒一杯，去年天气旧亭台。夕阳西下几时回？

无可奈何花落去，似曾相识燕归来。小园香径独徘徊。

天仙子·水调数声持酒听

宋·张先

水调数声持酒听，午醉醒来愁未醒。送春春去几时回？

临晚镜，伤流景，往事后期空记省。

沙上并禽池上瞑，云破月来花弄影，重重帘幕密遮灯。

风不定，人初静，明日落红应满径。

蝶恋花·伫倚危楼风细细

宋·柳永

伫倚危楼风细细，望极春愁，黯黯生天际。

草色烟光残照里，无言谁会凭阑意。

拟把疏狂图一醉，对酒当歌，强乐还无味。

衣带渐宽终不悔，为伊消得人憔悴。

如梦令·昨夜雨疏风骤

宋·李清照

昨夜雨疏风骤，浓睡不消残酒。

试问卷帘人，却道海棠依旧。

知否，知否？应是绿肥红瘦。

钗头凤·红酥手

宋·陆游

红酥手，黄縢酒，满城春色宫墙柳。

东风恶，欢情薄。一怀愁绪，几年离索。

错、错、错。

春如旧，人空瘦，泪痕红浥鲛绡透。

桃花落，闲池阁。山盟虽在，锦书难托。

莫、莫、莫！

鹧鸪天·只近浮名不近情

金·元好问

只近浮名不近情。且看不饮更何成。

三杯渐觉纷华远，一斗都浇块磊平。

醒复醉，醉还醒。灵均憔悴可怜生。

《离骚》读杀浑无味，好个诗家阮步兵！

浣溪沙·谁念西风独自凉

清·纳兰性德

谁念西风独自凉，萧萧黄叶闭疏窗，沉思往事立残阳。

被酒莫惊春睡重，赌书消得泼茶香，当时只道是寻常。

二、中国古典茶诗

作为物质形态的茶，自身就是美丽的，温文尔雅的茶，下得厨房，上得厅堂，故历来就有“柴米油盐酱醋茶”的另一面——“琴棋书画诗酒茶”。故而，以茶将诗渗透，作为一杯慰藉人们心灵的圣水，是茶的根本功能。茶使人拥有智慧和温情，诗意也就更有知性的力量，与酒诗的重在宣泄，又自有一番情理，更显中华民族的优良传统品质。

中国最早的诗集《诗经》中已有“荼”这个古茶字，“谁谓荼苦，其甘如荠”。三国、两晋、南北朝，以茶为题的诗赋不多，此后涌现大批以茶为题材的诗篇。据统计，就茶诗词计算，唐代有500多首，宋代有1000多首，金、元、明、清和近代有500余首，共2000首以上。

根据陆羽《茶经》所辑，唐代以前有四首诗提到了茶。

《登成都楼》（节选）

晋·张载

借问杨子舍，想见长卿庐。程卓累千金，骄侈拟五侯。

门有连骑客，翠带腰吴钩。鼎食随时进，百和妙且殊。

披林采秋橘，临江钓春鱼。黑子过龙醢[1]，果馔愈蟹蝑。

芳茶冠六清，溢味播九区。人生苟安乐，兹土聊可娱。

《出歌》（节选）

晋·孙楚

茱萸出芳树颠，鲤鱼出洛水泉。

白盐出河东，美豉出鲁渊。

姜桂茶荈出巴蜀，椒橘木兰出高山。

蓼苏出沟渠，精稗出中田。

《娇女诗》（节选）

晋·左思

吾家有娇女，皎皎颇白皙。

小字为纨素，口齿自清历。

……

① 醢（hǎi）：古代用肉、鱼等制成的酱。

其姊字惠芳，面目粲如画。

……

驰骛翔园林，果下皆生摘。

……

贪华风雨中，眒[1]忽数百适。

……

心为茶荈剧，吹嘘对鼎铴。

《杂诗》(节选)

南朝·王微

寂寂掩高阁，寥寥空广厦，

待君竟不归，收颜今就槚。

《荈赋》是现在能见到的最早专门歌吟茶事的诗词曲赋类作品。荈，指采摘时间较晚的茶。

在现存的正史古籍中，《荈赋》是中国茶叶史上第一篇完整地记载了茶叶从种植到品饮全过程的作品。为晋代杜毓所著，全文如下：

灵山惟岳，奇产所钟。瞻彼卷阿，实曰夕阳。厥生荈草，弥谷被岗。承丰壤之滋润，受甘霖之霄降。月惟初秋，农功少休；结偶同旅，是采是求。水则岷方之注，挹[2]彼清流；器择陶拣，出自东瓯；酌之以匏[3]，取式公刘。惟兹初成，沫沈华浮。焕如积雪，晔若春敷。若乃淳染真辰，色绩青霜，氤氲馨香，白黄若虚。调神和内，倦解慵除。

诗仙李白豪放不羁，听说荆州玉泉真公因常采饮“仙人掌茶”，虽年逾八十仍

① 眒（shēn）：张目。疾速“鹰犬倏～”。
② 挹（yì）：舀，把液体盛出来：挹取。挹彼注兹。挹注（喻从有余的地方取出来，以补不足）。
③ 匏（páo）：匏瓜，一年生攀缘草本植物。葫芦的变种。果实老熟后对半剖开，可做瓢。

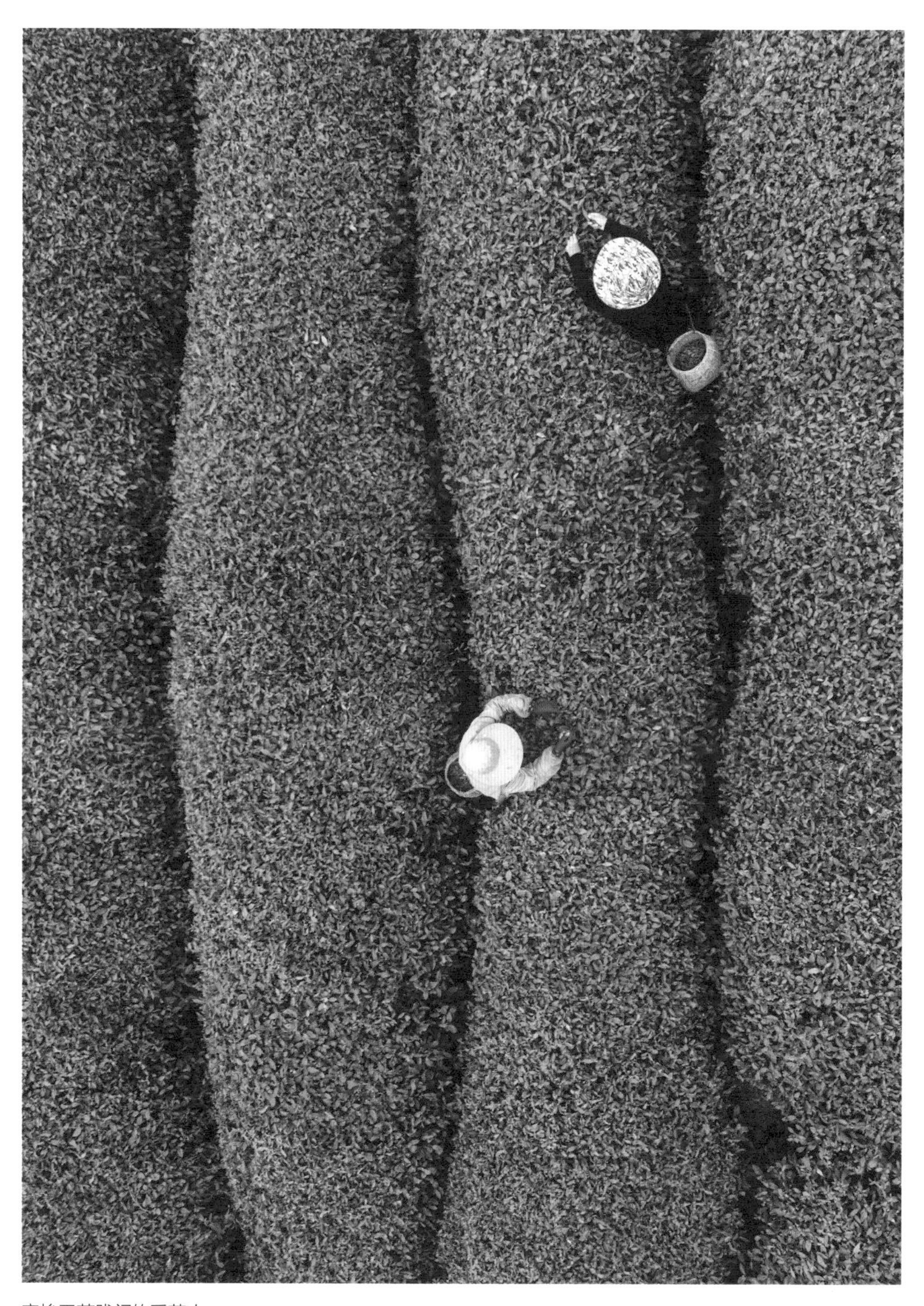

穿梭于茶陇间的采茶人

颜面如桃花，不禁对茶唱出赞歌：

常闻玉泉山，山洞多乳窟。
仙鼠如白鸦，倒悬清溪月。
茗生此中石，玉泉流不歇。
根柯洒芳津，采服润肌骨。
丛老卷绿叶，枝枝相连接。
曝成仙人掌，似拍洪崖肩。
举世未见之，其名定谁传。
……

韦应物《喜园中茶生》诗有“洁性不可污，为饮涤尘烦，此物信灵味，本自出山原”之句，赞美茶不单有驱除昏沉的作用，而且有荡涤尘烦，忘怀俗事的功能，这与陆羽《茶经》“为饮，最宜精行俭德之人”的精神极为接近。而写过“忽如一夜春风来，千树万树梨花开”的边塞诗人岑参，描写夜宿寺院之际饮茶及观茶园的情形，一样精致细微。他在《暮秋会严京兆后厅竹斋》诗中说：“瓯香茶色嫩，窗冷竹声乾。”一个“嫩”字，茶的色、香、味俱全。

中唐时期，正是从酒居上峰到茶占鳌头的一个转折点。大书法家颜真卿在湖州任职时，曾集结陆羽、皎然、张志和、孟郊、皇甫冉等50多位诗人，吟诗品画作文，一时花团锦簇，把茶道精神通过诗歌加以渲染。茶人陆羽结识了许多文人学士和有名的诗僧，他自己也是一个优秀的诗人，《全唐诗》载他的《六羡歌》，就是茶诗杰作：不羡黄金罍，不羡白玉杯；不羡朝入省，不羡暮登台；千羡万羡西江水，曾向竟陵城下来。

颜真卿作为湖州刺史，集合地方文人在席上作联句，而《五言月夜啜茶联句》约定以茶为主题，其中颜真卿作有“流华净肌骨，疏瀹涤心源”，表现了茶清净身心的作用。而作为大历十才子之一的耿湋[1]，称陆羽“一生为墨客，几世作茶仙”，

① 湋（wéi）。

以诗句为陆羽做了千秋评价。释皎然是陆羽的知己，作诗论述茶与陆羽的关系，在《九月陆处士羽饮茶》中有“俗人多泛酒，谁解助茶香”之句。

释皎然留下来的茶诗较多，作为僧侣，他的茶诗之重要特点，是将茶禅之理做了精微的阐发。他在《对陆迅饮天目山茶，因寄元居士晟》中吟道：

喜见幽人会，初开野客茶。
日成东井叶，露采北山芽。
文火香偏胜，寒泉味转嘉。
投铛涌作沫，著碗聚生花。
稍与禅经近，聊将睡网赊。
知君在天目，此意日无涯。

这是在唐诗中见到的具体描述煎茶法最早的例子。《饮茶歌送郑容》中有“丹丘羽人轻玉食，采茶饮之生羽翼”，将茶比作仙药，可见皎然佛道合一的思想。

皎然茶诗最重大的贡献，是在茶诗中首次出现茶道的概念。他在《饮茶歌诮崔石使君》中说：“越人遗我剡[①]溪茗，采得金牙爨[②]金鼎。青瓷雪色缥沫香，何似诸仙琼蕊浆。”喻茶如仙药、玉浆，对应于诗的末尾“熟知茶道全尔真，唯有丹丘得如此”。诗中还说：“一饮涤昏寐，情来朗爽满天地；再饮清我神，忽如飞雨洒轻尘；三饮便得道，何须苦心破烦恼。此物清高世莫知，世人饮酒多自欺。”说明依靠茶可以清精神，甚至能得道。

皇甫冉是研究陆羽所必定要关注的一个人物。他写过一首《送陆鸿渐栖霞寺采茶》：“……旧知山寺路，时宿野人家。借问王孙草，何时泛碗花。”王孙草指茶，碗花指茶汤沫饽。

以饮茶而闻名的卢仝，自号玉川子，隐居洛阳城中。他作诗豪放怪奇，独树一帜，名作《走笔谢孟谏议寄新茶》描写饮七碗茶的不同感觉，步步深入：

---

① 剡（shàn）：剡溪，水名，曹娥江上游的一段，在浙江。
② 爨（cuàn）：烧火煮饭。

日高丈五睡正浓，军将打门惊周公。
口云谏议送书信，白绢斜封三道印。
开缄宛见谏议面，手阅月团三百片。
闻道新年入山里，蛰虫惊动春风起。
天子须尝阳羡茶，百草不敢先开花。
仁风暗结珠琲[①]瓃[②]，先春抽出黄金芽。
摘鲜焙芳旋封裹，至精至好且不奢。
至尊之馀[③]合王公，何事便到山人家？
柴门反关无俗客，纱帽笼头自煎吃。
碧云引风吹不断，白花浮光凝碗面。
一碗喉吻润，两碗破孤闷。
三碗搜枯肠，唯有文字五千卷。
四碗发轻汗，平生不平事，尽向毛孔散。
五碗肌骨清，六碗通仙灵。
七碗吃不得也，唯觉两腋习习清风生。
蓬莱山，在何处？
玉川子，乘此清风欲归去。
山上群仙司下土，地位清高隔风雨。
安得知百万亿苍生命，堕在巅崖受辛苦？
便为谏议问苍生，到头还得苏息否？

诗中还从个人的穷苦想到亿万苍生的辛苦。中唐诗人袁高的《茶山寺》非常重要，其中咏茶农的辛劳“悲嗟遍空山，草木为不春”，值得当政者反省。在唐代这种主题的诗较少。

刘禹锡强调诗与茶的关系，在《酬乐天闲卧见寄》中有“诗情茶助爽，药力酒

① 琲（bèi）：成串的珠子。
② 瓃（léi）：古同“蕾”，含苞待放的花。
③ 馀（yú）：同“余”，用“余”意义可能混淆时，用“馀”以区分，多见古文。常见于文言文、古诗词中，以代替“余”字，其他（如现代文）均简化为“余”。

能宣”，说明诗兴能得到茶的帮助。孟郊常以寺院中的茶入诗，如在《送玄亮师》中有“茗啜绿净花，经诵清柔音”句。元稹也喜好茶，并给我们留下了以茶为主题的宝塔茶诗《茶》：

茶；
香叶，嫩芽；
慕诗客，爱僧家；
碾雕白玉，罗织红纱；
铫[1]煎黄蕊色，碗转曲尘花；
夜后邀陪明月，晨前命对朝霞；
洗尽古今人不倦，将知醉后岂堪夸。

元稹对茶的造诣很深，用碾和罗代表茶道器具是适当的，而将铫与碗并举，则抓住了煎茶的特征，宝塔诗的体例给人美的趣味。

把茶大量移入诗坛，使茶酒在诗坛中并驾齐驱的是白居易。白居易是唐代作茶诗最多的诗人，在他留世的2800多首诗作中，大约有60首可以看见和茶有关的语句。他的诗作中写到早茶、午茶和晚茶，更有饭后茶、寝后茶，可说一天到晚茶不离口，是一个爱茶且精通茶道，识得茶味的饮茶大行家。在《谢李六郎中寄新蜀茶》中称自己为“别茶人”。其《食后》云：

食罢一觉睡，起来两瓯茶：
举头看日影，已复西南斜。
乐人惜日促，忧人厌年赊；
无忧无乐者，长短任生涯。

诗中写出了他食后睡起，手持茶杯，无忧无虑，自得其乐的情趣。

---

① 铫（diào）：煮开水熬东西用的器具。字从金从兆，兆亦声。“兆”意为“远”。“金”与“兆”联合起来表示一种金属制的出远门随身带着的小锅。本义：便携小金属锅。

晚唐时期，最有名的吟茶诗人，当推皮日休和其友人陆龟蒙。皮、陆在晚唐并称，他们留下的茶诗相当多。皮日休甚至在《茶中杂咏并序》中以陆羽的继承人自任，分别以茶坞、茶人、茶笋、茶籝[①]、茶舍、茶灶、茶焙、茶鼎、茶瓯[②]、煮茶为题连续作诗，对于考察当时茶的制造方法有一定的参考作用。其中在《煮茶》诗中，使用连珠、蟹目、鱼鳞、松带雨等词语详细作了叙述，可看出他的确是继承发展了《茶经》的方法。

和皮日休齐名的是陆龟蒙，隐居在茶山中，还在吴兴顾渚山下买了一块茶园，新茶上来，自己先品一番，写些隐居的茶诗，如“雨后探芳去，云间幽路危”等。他在《奉和袭美茶具十咏》中也以相同的题目作了连咏。从前顾渚山土地庙有副对联写他：“天随子杳矣难追遥听渔歌月里，顾渚山依然不改恍疑樵唱风前。”这个天随子，就是陆龟蒙。

唐代诗人共同留下了不少茶的诗篇，开创了唐代茶诗的宏大意境。

宋人茶诗有人统计可达5000首以上。文人常以茶为伴，以便经常保持清醒。儒者往往都把以茶入诗看作高雅之事，这便造就了茶诗、茶词的繁荣。像苏轼、陆游、黄庭坚、徐铉、王禹偁[③]、林逋、范仲淹、欧阳修、王安石、梅尧臣、苏辙等，均是既爱饮茶又好写茶的诗人，前期以范仲淹、梅尧臣、欧阳修为代表，后期以苏东坡和黄庭坚为代表。

北宋斗茶和茶宴盛行，所以茶诗、茶词大多表现以茶会友，相互唱和，以及触景生情、抒怀寄兴的内容。最有代表性的是欧阳修的《双井茶》诗：

① 籝（yíng）：竹笼。
② 瓯（ōu）：1.小盆。2.杯子。
③ 偁（chēng）。

西江水清江石老，石上生茶如凤爪。
穷腊不寒春气早，双井芽生先百草。
白毛囊以红碧纱，十斤茶养一两芽。
长安富贵五侯家，一啜尤须三日夸。
宝云日注非不精，争新弃旧世人情。
岂知君子有常德，至宝不随时变易。
君不见建溪龙凤团，不改旧时香味色。

即便是那些金戈铁马的将军，大义凛然的文相，在激越的生活中也无法忘怀闲适的茶。唱着“将军白发征夫泪”的范仲淹，历史上一直作为儒家杰出代表，他写过一首很长的《和章岷从事斗茶歌》，共42行，堪称茶诗之最。至于写过“人生自古谁无死，留取丹心照汗青”的文天祥，谁又会想到，他也写过这样的诗行呢：“扬子江心第一泉，南金来此铸文渊。男儿斩却楼兰首，闲品《茶经》拜羽仙。”

宋代是词的鼎盛时期，以茶为内容的词作也应运而生。诗词大家、书法圣手的苏东坡以才情名震天下，他的茶诗多有佳作，如《惠山谒钱道人，烹小龙团，登绝顶，望太湖》中的“独携天上小团月，来试人间第二泉”，常为人所引用。其七律《汲江煎茶》：

活水还须活火烹，自临钓石取深清。
大瓢贮月归春瓮，小勺分江入夜瓶。
茶雨已翻煎处脚，松风忽作泻时声。
枯肠未易禁三碗，坐听荒城长短更。

南宋陆游是诗人中茶诗最多者，他一生写了300多首茶诗，当过茶官，他和陆羽同姓，取了个和陆羽一样的号——“桑苎翁”，说：“我是江南桑苎翁，汲泉闲品故园茶。”他的《临安春雨初霁》对点茶的技艺，有了更加精确的评价：

世味年来薄似纱，谁令骑马客京华？
小楼一夜听春雨，深巷明朝卖杏花。

矮纸斜行闲作草，晴窗细乳戏分茶。
素衣莫起风尘叹，犹及清明可到家。

明代社会矛盾激烈，文人不满政治，茶与僧道、隐逸的关系更为密切，从诗歌中也体现出来。著名的有黄宗羲的《余姚瀑布茶》、文徵明的《煎茶》、陈继儒的《失题》、陆容的《送茶僧》等。此外，特别值得一提的是，明代还有不少反映人民疾苦、讥讽时政的咏茶诗。如高启的《采茶词》：

雷过溪山碧云暖，幽丛半吐枪旗短。
银钗女儿相应歌，筐中摘得谁最多？
归来清香犹在手，高品先将呈太守。
竹炉新焙未得尝，笼盛贩与湖南商。
山家不解种禾黍，衣食年年在春雨。

诗中描写了茶农把茶叶供官后，其余全部卖给商人，自己却舍不得尝新的痛苦，表现了诗人对人民生活极大的同情与关怀。

又如明代正德年间身居浙江按察佥事的韩邦奇，根据民谣加工润色而写成的《富阳民谣》，揭露了当时浙江富阳贡茶和贡鱼扰民害民的苛政，其深刻激愤之程度，是历代茶之诗文中不曾见到的，诗云：

富阳江之鱼，富阳山之茶，
鱼肥卖我子，茶香破我家。
采茶妇，捕鱼夫，官府拷掠无完肤。
昊天胡不仁？此地亦何辜？
鱼胡不生别县？茶胡不生别都？
富阳山，何日摧，富阳江，何日枯？
山摧茶亦死，江枯鱼始无。
呜呼！山难摧，江难枯，我民何以苏！

这两位同情民间疾苦的诗人，后来都因赋诗而惨遭迫害，高启腰斩于市，韩邦奇罢官下狱，几乎送掉性命。但这些诗篇，却长留在人们心中。

清代陈章的《采茶歌》同情茶农：

凤凰岭头春露香，青裙女儿指爪长。
度涧穿云采茶去，日午归来不满筐。
催贡文移下官府，那管山寒芽未吐。
焙成粒粒比莲心，谁知侬比莲心苦。

清代茶事多，清高宗乾隆，曾数度下江南游山玩水，也曾到杭州的云栖、天竺等茶区，留下不少诗句。他在《观采茶作歌》中写道："火前嫩，火后老，惟有骑火品最好。西湖龙井旧擅名，适来试一观其道……"乾隆写过许多茶诗，相对而言，史料价值大，艺术价值少。

三、诗词中的茶酒人生

茶酒诗作为茶酒文化的重要组成部分，一方面茶酒文化的总体发展为其繁荣奠定了坚实的基础，提供了丰富的素材；另一方面它的繁荣促进了茶酒文化的更大的发展，并在诗中都有所表现。

（一）厚茶薄酒诗句

唐代僧皎然《饮茶歌诮崔石使君》："……一饮涤昏寐……再饮清我神……三饮便得道……此物清高世莫知，世人饮酒多自欺。愁看毕卓瓮间夜，笑向陶潜篱下时。崔侯啜之意不已，狂歌一曲惊人耳。孰知茶道全尔真，唯有丹丘得如此。"该诗是作者用饮茶的好处来讥诮崔石饮酒的。他认为饮茶可以醒脑、清神、得道，故茶是最清高的；而饮酒则是一种自欺行为。诗中列举了东晋两个著名的饮酒人物——毕卓与陶渊明。毕卓好酒，常饮酒废职，甚至发生瓮间盗饮这样的事（见《晋书·毕卓传》）。陶渊明有《饮酒》诗20首，并有"令我常醉于酒足矣"之说，归隐后唯与亲友以酒为娱。

僧皎然《九日与陆处士羽饮茶》:“九日山僧院，东篱菊也黄。俗人多泛酒，谁解助茶香。”作者与陆羽九日在一山僧院共度重阳节，按习俗需饮菊花酒，而他们却饮菊花茶（泛酒：指饮菊花酒)。《风土记》载：“……重九相会，登山饮菊花酒……谓之泛菊会。”［助茶香：以茶菊（菊之一种）入茶］唐代陆龟蒙《奉和袭美茶具十咏·茶鼎》句：“且共荐皋卢，何劳倾斗酒。”意思是说，有了茶就不需要喝酒（皋卢：茶叶)。

唐代钱起《与赵莒茶宴》句：“竹下忘言对紫茶，全胜羽客醉流霞。”(紫茶：紫笋茶。流霞：神话中的仙酒。羽客：道士的别称)

宋代苏轼《寄周安孺茶》句：“自云叶家白，颇胜中山醁。”(叶家白：福建古代名茶。中山醁：名酒）宋代杨万里《题陆子泉上祠堂》:“先生吃茶不吃肉，先生饮泉不饮酒。饥寒只忍七十年，万岁千秋名不朽。惠泉遂名陆子泉，泉与陆子名俱传。一瓣佛香炷遗像，几多衲子拜茶仙……”(先生指陆羽）诗说陆羽只喝茶饮泉，活到了70余岁，一本《茶经》使之名留千古。

宋代强至《谢通判国博惠建茶》句：“浦阳贱官性怯酒，素许茶味为最良。”浦阳贱官指作者自己，说自己怕酒喜茶。

清代乾隆帝《冬夜煎茶》句：“更深何物可浇书，不用香醅用苦茗。”(醅：未滤的酒）意思是说夜深醒读只喝茶。

清代吴嘉纪《送汪左严归新安》句：“举世耽曲糵，唯君爱啜茶。”(耽：酷嗜。曲糵：酒母，也指酒)

清代何绍基《题紫阳茶饯图赠江龙门同年》句：“百技难将一憾补，但解饮茶不知酒。”是说身怀百技又懂品茶，只有不会饮酒一憾。

今有任秀土《品茶感怀》:“……謇[①]尝紫笋金沙水，再品黄芽玉液津。醉后醒来香扑鼻，欢伯翘指赞茶神。”(欢伯：酒的别名。茶神：喻茶）说饮茶醉醒香扑鼻，连酒也称赞起茶来了。费三多《清茶伴纸笔》:“烟酒茶三昧，唯茶品德高。烟酒皆离去，唯茶吾爱好。”由诗可见作者爱茶之深。谢丹月《品茶诗》句：“待

① 謇（jiǎn)：口吃；言辞不顺畅。此处含义为“慢慢的”。

客年年茶胜酒，春茸盏盏伴诗花。”诗说待客以茶，作诗也饮茶，颇有诗由茶发之意。陈焕文《品尝顾渚茶》句：“玉液润肠．辞美酒，清香扑鼻胜春花。”说喝过顾渚茶后，决定与美酒来一个告别。

（二）茶酒兼好、兼重诗句

唐代白居易爱茶也爱酒，他有许多诗往往是茶、酒同时出现。如《萧庶子相过》句：“殷勤萧庶子，爱酒不厌茶。”《府西池北新葺[1]水斋即事招宾偶题十六韵》句：“午茶能散睡，卯酒善销愁。”《自题新昌居止因招杨郎中小饮》句：“春风小榼三升酒，寒食深炉一碗茶。”《北亭招客》句：“小盏吹醅尝冷酒，深炉敲火炙新茶。”《山路偶兴》句：“泉憩茶数瓯，岚行酒一酌。”《赠东邻王十三》句：“驱愁知酒力，破睡见茶功。”《春尽劝客酒》句：“尝酒留闲客，行茶使小娃。”《病假中庞少尹携鱼酒相过》句：“闲停茶碗从容语。醉把花枝取次吟。”《春尽日》句：“醉对数丛红芍药，渴尝一碗绿昌明。”（绿昌明：古时产于四川的一种茶）除白居易外，其他将茶、酒并列入诗、入联的诗人还有许多。唐代于鹄《送李明府归别业》句：“鹿裘长酒气，茅屋有茶烟。”唐代皮日休《吴中苦雨因书一百韵寄鲁望》句：“十分煎皋[2]卢，半榼挽醽醁。”皮日休《临顿为吴中偏胜之地陆鲁望居之不出郛[3]郭旷若郊墅余每相访款然惜去因成五言十首奉题屋壁》句：“压酒移谿[4]石，煎茶拾野巢。”（野巢：鸟窝掉落的枯枝杂草）唐代项斯《早春题湖上顾氏新居二首》句：“劝酒客初醉，留茶僧未来。”唐代戴叔伦《南野》句：“茶烹松火红。酒吸荷杯绿。”唐代梁藻《南山池》句：“时沽村酒临轩酌，拟摘新茶靠石煎。”宋代陆游《云门过何山》句：“思酒过野店，念茶叩僧扉。”陆游《闲居对食思愧》句：“桑落满壶春盎盎，雨前轓[5]磑雪霏霏。”（桑落：酒名。雨前：雨前茶。轓磑：磨茶）现代沙金《杂歌五首》句：“正苦湖滨无好酿。谁知韵海有名茶。”也有将茶、酒列入同一

---

① 葺（qì）：用茅草覆盖房顶。现泛指修理房屋。
② 皋（gāo）：水边的高地。
③ 郛（fú）：古代指城外面围着的大城。
④ 谿（xī）：同“溪”。溪字意指山里的小河沟，泛指小河沟。
⑤ 轓（hàn）：古代的一种卧车。

诗句的。如明代袁宗道《寿亭舅赠我宜兴瓶茶具酒具一时精美喜而作歌》句："酒苦茶香足我事……"明代吴宽《爱茶歌》句："汤翁（自称）爱茶如爱酒……"现代钱朴《哀悼卜亮同志》句："嗜茶喜酒别无欲……"现代滕军《春节访湖州》句："……清茶美酒香"。

（三）茶当酒，茶代酒诗句

唐代任乔《林居喜崔三博远至》句："野石静排为坐榻，溪茶深煮当飞觥。"（觥：古代酒器，借指酒）唐代孟浩然《清明即事》句："空堂坐相忆，酌茗聊代醉。"唐代钱起《过张成侍御宅》句："杯里紫茶香代酒。琴中渌水静留宾。"（渌水：琴曲名）唐代白居易《宿兰溪对月》句："清影不宜昏。聊将茶代酒。"唐代僧皎然《送李丞使宣州》句："聊持剡山茗，以代宜城醑。"（剡山：在今浙江嵊州市。宜城醑：产于宜城的一种美酒）宋代陆游《闻王嘉叟讣报有作》句："地炉燔[①]栗美刍豢[②]，石鼎烹茶当醪醴。"（燔：烧烤。刍豢：牛羊之类的家畜。醪醴：药酒）宋代杜耒《寒夜》："寒夜客来茶当酒，竹炉汤沸火初红。寻常一样窗前月，才有梅花便不同。"明代徐渭《鹧鸪天·竹炉汤沸火初红》句："客来寒夜活头频。路滑难沽曲米春。点检松风汤老嫩。退添柴叶火新陈。"（曲米春：酒名）词说寒夜路滑不便买酒，故而煎茶待客。清代阮元《福儿汲得学士泉煮茗作诗因再题竹林茶隐图中》：

① 燔（fán）：1.焚烧。2.烤。
② 豢（huàn）：喂养（牲畜）。

"酒中有至乐，恨我绝不谙。近岁作茶隐，聊以当沉酣。"（茶隐：隐于茶，以屏障尘世。沉酣：醉酒酣睡貌）现代戴盟《湖州茶会漫吟》："茶友云集湖郡。探寻陆羽遗踪。……愿举一瓯当酒。共庆茶学昌隆。"戴盟《武陵春·访桃花源》："代酒以茶人亦醉。醉在武陵游。且尽擂茶三五瓯。洗涤尽古今愁。"（擂茶：将茶与佐料经擂制而成的茶饮料）现代凌以安《喜闻重建三癸亭》："杼山毓秀白云飞。三癸名亭掩翠微。……清茗一杯聊当酒。白芽紫笋最珍稀。"现代沈迈士《论茶诗》："越茶品狮峰。龙井亦高格。……止酒不复愁。七碗代杯酌。"（止酒：停止饮酒。七碗：借指茶）现代黄玲才《饮茶》："我本非茶客，也知茶叶香，有朝取代酒，廉政供商量。"

（四）以茶醒酒诗句

茶有解酒之功能，曾有刘禹锡以菊苗、齑[1]、芦菔[2]、鲊[3]换取白居易六班茶醒酒的故事。唐代李德裕《忆茗芽》句："欲及清明火，能销醉客酲[4]。"（清明火：指烹煮茗芽。酲：醉酒貌，病酒日酲）唐代皮日休《茶中杂咏·煮茶》句："尚把沥中山，必无千日醉。"（尚：倘或。千日醉：指中山人狄希能造让人饮之千日醉的千日酒。沥：沥过的酒，这里借指茶。诗意是：如果把茶给予中山这个地方的人喝，就不会有千日醉这样的事发生了）皮日休《闲夜酒醒》句："酒渴漫思茶。山童呼不起。"唐代白居易《萧员外寄新蜀茶》："蜀茶寄到但惊新。渭水煎来始觉珍。满瓯似乳堪持玩。况是春深酒渴人。"白居易《早服云母散》句："药销日晏三匙饭，酒渴春深一碗茶。"唐代郑谷《峡中尝茶》句："鹿门病客不归去，酒渴更知春味长。"（春味：茶味）唐代李群玉《答友人寄新茗》句："愧君千里分滋味，寄与春风酒渴人。"（分滋味：指千里寄茶这件事。酒渴人：作者自指）唐代李郢《酬友人春暮寄枳花茶》句："昨日东风吹枳花，酒醒春晚一瓯茶。"（枳花茶：以枳花入茶）宋代毛滂《蝶恋花·送茶》句："七盏能醒千日卧。"（千日卧：千日醉，指酒）金代元好问《茗饮》

---

① 齑（jī）：捣碎的姜、蒜或韭菜的细末。

② 菔（fú）：该汉字与莱组词"莱菔"，为萝卜的别称。又，莱古代指郊外轮休的田，也指田废生草。

③ 鲊（zhǎ/zhǎ）：海蜇，水母的一种。

④ 酲（chéng）。

句："宿酲未破厌觥船，紫笋分封入晓煎。"（觥船：载酒的船，借指酒。意思是：宿酒未醒而厌酒，早上煎茶喝以醒酒）金代马钰《瑞鹧鸪·咏茶》句："昨日一杯醒宿酒，至今神爽不能眠。"（宿酒：宿醉　）元代刘敏中《蝶恋花·带上乌犀谁摘落》句："几日余酲情味恶。七碗何须，一啜都醒却。"（意思是：饮了一口茶，便使数日病酒顿时醒了过来）明代高启《病酒》："日高头未栉，困卧对山花。暂谢高阳侣。窗间独饮茶。"（头未栉：头未梳。高阳侣：高阳酒徒，借指酒）现代肖劳《商业部茶畜局品茶会》句："七碗荡诗腹，一瓯醒酒肠。"（意思是：茶可催诗，也可醒酒）

诗人们的茶酒诗，不仅体现出了当时繁荣的茶酒文化，同时他们也借茶酒来抒发情怀，茶酒作为抒发情感的媒介，使人们的情感自由发挥，思维或清醒，或超脱，或离奇，并与诗人的创作才华相结合，诗与茶酒交融，创造出独特的诗歌意境。

四、茶酒论

品茶与饮酒，是国人的一种生活方式、更是一种生活智慧，其背后的文化内涵代表了中华五千年文化史中成为习惯的生活方式和精神价值，茶品、茶具、茶道与酒品、酒具、酒道，还有《茶经》《酒经》等优秀传统文化著作，以及文人雅士之间的雅集品茗，风流名士之间的诗酒唱和，构筑起了中国人的集体人格。

酒与茶，一动一静，一为活泼、一为沉稳。

中国历史上最负盛名的两位诗人，诗仙李白和诗圣杜甫，性格分别似酒与茶。李白如酒，杜甫更近茶。

杜甫的《饮中八仙歌》云："李白一斗诗百篇，长安市上酒家眠。天子呼来不上船，自称臣是酒中仙。"

李白酷爱饮酒，狂放不羁，藐视权贵。趁着酒兴，大笔一挥，立成飘逸出尘的诗篇。"举杯邀明月，对影成三人"；"人生得意须尽欢，莫使金樽空对月"。

杜甫则对酒十分警惕，曾言"临岐意颇切，对酒不能吃"。杜甫生性持重谨慎，饮酒节制，文质彬彬，对尊长恭敬从礼。诗文沉郁顿挫，工整浑厚，透着理性的光辉。

道家的两位先哲，老子如茶，庄子则如酒。

看着世人沉浸在热闹喧哗中，老子却孑然沉默，似朴拙木讷。“众人熙熙，如享太牢，如春登台。我独泊兮其未兆，如婴儿之未孩，傫[1]傫兮，若无所归。”

老子为智者，冷静沉默。大智若愚，大巧若拙。

庄子的心灵则徜徉在天地之间，尽情驰骋想象，想落天外；语言汪洋恣肆，洋洋洒洒。“乘天地之正，而御六气之辩，以游无穷。”心灵自由超脱，达到“独与天地精神之往来”的人生境界。

茶与酒，代表了中国人的两种性格，也都能助成艺术人生。两者互补，又可并存，豪爽似酒的人也会冷静沉着，淡泊如茶的人也会有真性情之洒脱。

（一）茶酒论

在中国传统哲学中，茶主“静”，酒主“动”；茶是静谧内敛的，酒是热烈奔放的；茶是平和柔美的，酒是阳刚蓬勃的；茶是隐逸遁世的，酒是积极入世的。茶和酒代表的正是人生的两种生存智慧，他们不是完全对立的，正如太极一样，你中有我，我中有你，否极泰来，泰极否来，是对立统一的。

古人说：儒家如诗、道家如酒、佛家如茶。其实，未必尽然，儒家也有酒，比如明代的袁宏道就把儒圣孔子称为“觞宗”，而道家、佛家也有茶，中国历史上茶道文化的普及很大程度上就是在道观和寺庙里传播开来的。“禅茶一味”，就是最形象的表达。

苏东坡“且将新火试新茶，诗酒趁年华”是一种“时不我待”的时代精神；而“欲把西湖比西子，从来佳茗似佳人”却是一番欣赏。“为名忙，为利忙，忙里偷闲，且喝一杯茶去”，是一种通达；而“劳心苦，劳力苦，苦中作乐，再倒一杯酒来”，却是一种洒脱。“美酒千杯难成知己，清茶一盏也能醉人”却是一种哲学智慧，正所谓“善琴者无弦，善饮者不醉”，“心中有醉意，万物皆为酒”，这正是打破了茶与酒品质隔阂的最高境界。

茶，从字形上看，是“人在草木间”，是造物主赐予人类的草本精华。而传说酒是唯一可以让人“通神”的饮料，是世界通行的语言。正如李白所吟唱的：“已

① 傫（lěi）：古同“累累”，颓丧。

闻清比圣，复道浊如贤，贤圣既已饮，何必求神仙”。一番痛饮之后“三杯通大道，一斗合自然。”

然而，茶与酒曾经是一对欢喜冤家，我们在《敦煌俗文学研究》里边曾发现一段有趣的记载：

一天，茶和酒在一起吟诗争论，都说自己了不起，别人总是不行。

茶说：“在人们的生活中，我的贡献最大。”说完，随口吟道：“一杯浓茶水，提神撵瞌睡；两杯清茶水，助人吟诗对；三杯香茶水，待客我为最。”

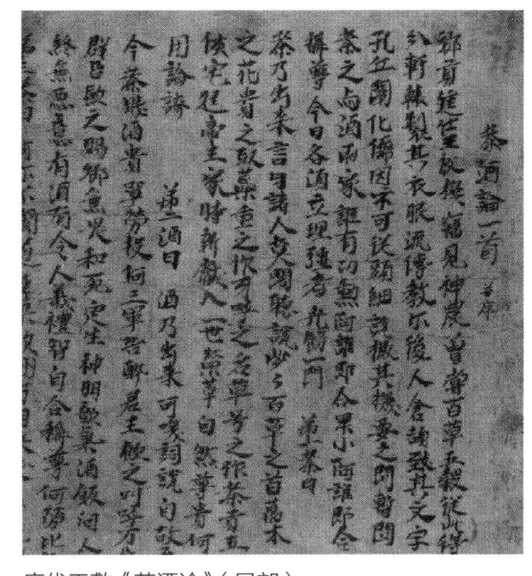

唐代王敷《茶酒论》（局部）

图片来源：互联网

吟完，又对酒说道：“哪像你那样，对人只有害处没有益处。”说完，又随口吟道：“三杯酒下肚，讲话就糊涂；五杯酒下肚，发疯又呕吐；七杯酒下肚，祸民把国误。”

酒听了茶的数落，很不服气，说：“在人们的生活中，你的贡献哪有我的贡献大！”说完，也随口吟道：“两杯茨藜酒，助兴精神抖；三杯糯米酒，结亲交朋友；四杯高粱酒，宴客我为首。”

吟完，对茶说道：“哪像你那样，专供那些懒汉聚在茶馆里偷闲聊天，说别人长短！”说完，又随口吟道：“一杯浓黄汤，懒汉最欣赏；两杯清黄汤，说别人短长；三杯淡黄汤，消磨好时光。”

当茶和酒正在争论得起劲时，井水走来听到了，就很和气地对他们说：

“你们不要争了！在人们的生活中，你们各有各的特长，各有各的贡献。你们要晓得啊，人们总不能成天光喝茶，或是成天光喝酒呀，就像人们既想听铜鼓，也想听唢呐；既想听月琴，又想听洞箫；既想听木叶，也想听山歌一样，这样，人们的生活才会丰富多彩呀。再说，我们大家要紧密的团结，互相帮助，互相配合，也才能为人们做出贡献啊！比如说，要是茶叶没有我，能泡成清香的茶水吗？要是高粱没有我，能酿成醇香的酒吗？我要是没有茶叶、高粱和酒曲的配合，还不是一杯白水?”说完，也随口吟道：“茶叶无水煮，干嚼涩又苦。米醪无水调，哪有酒味道？无米粈茶水，白水难待客。”

茶因水而发其馨香，酒因水而漾其芬芳。这里的水当然可以看作江河溪泉之水，但我们既然把酒茶看作是文化现象，那么所谓水实在也是源远流长、喷涌不息的中国文化洪流。这条洪流从远古奔来，融汇百川，吸纳了茶文化、酒文化而形成灿烂的华夏文明。茶文化与酒文化互相影响渗透，而处于一个共同体中，显示的正是中国文化深厚宽广，“厚德载物”的基本精神。它们在诗歌的世界里，早已融成了一杯精神之饮，这独特的诗歌意境，是如此美妙，令人沉醉啊！

（二）茶酒的和谐之道

平民百姓有“七件事”“柴米油盐酱醋茶”也有“乡饮酒之礼”，文人的精神追求也有“琴棋书画诗酒茶”。茶与酒“亦俗亦雅”。品茗与醉酒承载着文人们的丰富情感和生活感悟。从他们的作品中不难看出他们有的爱茶清淡、甘苦相伴，故

茶与禅有着更为深远的联系，如刘禹锡《秋日过鸿举法师寺院，便送归江陵》中就有“浮杯明日去，相望水悠悠”的诗句。他们有的好酒，承魏晋风流，与道家避世归隐的追求相合。而更多的则是茶酒均可，看到茶酒各有利弊，适可而止，互补融合，这正是儒家倡导的中庸之道。

大凡成功人士都善于做事、处世、待人，他们身上既有“茶味”也有“酒味”（或曰有猴气也有虎气），能入世也能出世，能淡泊也能张扬，能低调也能高调，能引而不发也能该出手时就出手。例如，一些商界精英，他们一方面对员工和客户刻意展现温良恭俭让的“茶香风格”，另一方面巧用《孙子兵法》，变商场为战场，分文必较，在守法合德的企业运营中创造更多的商业价值。茶与酒造就的情商和智商是他们左右逢源、心想事成的基本条件。

世事虽然变幻莫穷，然则跳不出一个太极图，不过是阴阳统一的原理。茶的意象是冷静、清醒、淡泊、隐幽，其精神内涵是奉献、善良、礼让、中庸、谦和；酒的意象是热烈、迷狂、豪放、辛辣，其精神内涵是侠义、勇武、进攻、占有、沉醉。茶是嫩叶焙制而成，其味淡；酒是诸谷精酿而成，其味厚。茶之清在和谐，酒之清在刚冽；茶之美在清雅，酒之美在赤烈。茶可清心，有利修身养性；酒可助兴，能壮胆醉心。饮茶细啜慢品，讲究收敛、平和、淡定；饮酒猛喝鲸吞，讲究张扬、狂放、激情。若要拟人化，那茶是养眼的二八佳人，酒是壮实的生猛汉子。

明代文学家、著名茶人陈继儒总结说：“热肠如沸，茶不胜酒；幽韵如云，酒不胜茶。酒类侠，茶类隐；酒固道广，茶亦德素。”二者皆有利有弊，体现不同的品格性情，体现不同的价值追求，一曰“茶壶精神”，一曰“酒神精神”。

对一个人、一个单位乃至一个民族、一个国家，“茶壶精神”和“酒神精神”都是必须具备的品格，如同太极图的阴阳两条鱼，缺一不可。

唐代大臣、书法家颜真卿爱茶也爱酒，与茶圣陆羽结为忘年之交，在湖州任刺史期间主持贡茶事宜，并经常举办雅士茶会。他有茶人平易近人、淡泊名利的风范，也能如酒徒一般豪情万丈、壮怀激烈。天宝十四年安禄山发动叛乱，他振臂一呼，如擎天一柱，十七郡相应，被推为盟主，合兵二十万，使安禄山不敢急攻潼关。

唐代诗人皮日休写有《茶中杂咏》十首，不偏不倚，又写了《酒中十咏》。所以他能做到静如泰山、动如猛虎。曾入深山做隐士大隐于茶，也曾参加黄巢起义横戈跃马。

宋代诗人苏东坡，茶壶酒壶不离身，作品的风格大气磅礴、豪放奔腾与空灵隽永、朴质清淡并存。他做人既有“大江东去”的豪放超逸，也有“小桥流水”的淡泊旷达。他从政坎坎坷坷，不减政治豪情，酒也；晚年谪居豁然恬淡，保持平常心，茶也。

“李白斗酒诗百篇”，酒味浓得让读者微醺。李白虽然写过一首《仙人掌茶诗》，但那是应酬之作，骨子里是酒仙而非茶人。“欲上青天揽明月”“黄河之水天上来”……何等的气魄！他是一个成功的诗人，古今无人能及。但这个天才的诗人在政治上却是一个失败的过客，因为他身上酒气太重，缺乏茶水的滋润，自视甚高，笑傲王侯，缺乏淡定功力，未能静下心来琢磨琢磨为政之道，所以上下级关系弄得很僵，像李白这样的人去做官会将事情弄得一塌糊涂，于己受辱，于民无益。他弃官而去是明智的选择，唐玄宗不挽留也是明智的选择。

（三）茶酒大事记

1. 以茶代酒典故

据《三国志》记载：吴国君主孙皓“密赐茶荈以当酒”，为“以茶代酒”之典故。

公元252年，吴大帝孙权病死，传位于子孙亮，后宫廷政变，孙亮之兄孙休上台。孙休临终时，遗诏儿子做接班人，任丞相濮阳兴和左将军张布为“顾命大臣”，辅佐幼主。两位“顾命大臣”嫌孙休的儿子太小，改立23岁的“长君”孙皓为帝。

孙皓初立时，抚恤人民、开仓赈贫，后变得专横残暴，终日沉浸于酒色，从而民心丧失。孙好酒，经常摆酒设宴，要群臣作陪。他的酒宴有一个规矩：每人以七升为限，不管会不会喝，能不能喝，七升酒必须见底。

群臣中有个人叫韦曜，酒量只有二升。韦曜原是孙皓的父亲南阳王孙和的老师，故孙皓对韦曜格外照顾。看他喝不动了，就悄悄换上茶，让他“以茶代酒”，不至于因喝不下酒而难堪。

从“以茶代酒”的故事我们可以看出，在当时，由于韦曜并不能喝酒，但又必须履行端杯的形式，因此，采取了这种折中的办法。

无论是古代还是现代，过度饮酒都容易让人失去控制，导致酒后误事；而对于茶来说，则会让人的心静下来。

“酒”和“茶”代表着两种不同的社交方式，酒是几分豪爽和义气，茶则是“君子之交淡如水”的轻松自然。

2. 茶酒文化史形成

九百余年前苏轼将创想中的“茶酒”以“七齐”“八必”作为茶酒酿制之法，添“酒礼”“酒德”之说，丰富了茶酒文化的精神内涵。

而不少文人墨客也对此留恋有加，纷纷留下诗句：“一别吴郡思新诧，重来南楚鬓添霜。清谈犹是苏玉局，梦里开坊酿茶浆。江水悠悠不知远，山风习习渐加凉。坐看春溪忘情态，揽月赋诗爱夜长。”诗人张漱石与袁枚比邻，亦赋茶诗“细雨潇潇欲晓天，半床花影伴书眠。朦胧正作翰林梦，独设酒坊酿茶浆”。李渔“清狂赵居士，梦酒似茶浆”，则叙说了南宋金石家赵绪成煮茶酿酒的故事。

从上古传说至北宋苏轼整理引注，到清代乾隆年间，在文士雅士、书画家中广现沸茶酿酒的逸事。这是中国文化的使然也是文脉承传中的一部分，文人在生活中的雅事恰恰在不知不觉中完成了“中国茶酒文化的酒脉”，撰记了独具魅力的“茶酒”文化史篇。

第三章 当代茶酒酿造

——古人梦终得偿

CHAPTER 03

茶酒采茗酿之，
自然发酵蒸馏，
其浆无色，
茶香自溢。

宋 · 苏轼

茗酿

第一节 当代茶酒的酒基酿造

我们要能够真正地品味茶酒，就必须知道茶酒的制作工艺。茶酒的主体形态是酒，茶是看不见的辅助主体。

1999年《辞海》中对酒有着这样的定义："酒，用高粱、大麦、米、葡萄或其他水果发酵制成的饮料。如白酒、黄酒、啤酒、葡萄酒。"1992年版的《汉语大词典》则作如下解释："酒：1. 饮料名。用粮食、水果等含淀粉或糖的物质发酵制成的含乙醇的饮料。2. 饮酒。3. 酒席、酒筵。4. 姓。"

以上对酒的定义和解释，都是在人们的常识之中。因此，可以对什么是酒归纳为以下三点：

酒是一种饮料；

酒含有乙醇；

酒是经微生物发酵酿制而成的。

一、酒的分类

国家标准GB/T 17204—2021《饮料酒术语和分类》将饮料酒（alcoholic beverages）定义为：酒精度在0.5%vol以上的酒精饮料。包括各种发酵酒、蒸馏酒和配制酒，无醇啤酒和无醇葡萄酒。

分类原则是根据不同原料、生产工艺和产品特性进行分类。

（一）发酵酒

发酵酒是以粮谷、水果、乳类等为主要原料，经发酵或部分发酵酿制而成的饮料酒。发酵酒是非蒸馏酒，酒的度数一般在3%~18%vol，酒中除了乙醇以外尚含有其他的营养成分，如糖类和少量的氨基酸和肽等。酿造酒根据原料的不同可分为啤酒、葡萄酒、果酒（发酵型）、黄酒、奶酒（发酵型）、米酒和日本清酒等。

（二）蒸馏酒

蒸馏酒是以粮谷、薯类、水果、乳类等为主要原料，经发酵、蒸馏、勾调而成的饮料酒。一般无色透明，除乙醇以外还含有挥发性风味物质。酒的度数一般为38%~65%vol，世界蒸馏酒最具代表性的产品共计六类——中国白酒、白兰地、威士忌、伏特加、金酒、朗姆酒。

而我们定义的当代茶酒的基酒是白酒，所以如何创制白酒，便成为我们首先需要深入了解的饮料。中国白酒是以粮谷为主要原料，用大曲、小曲或麸曲及酒母等为糖化发酵剂，经蒸煮、糖化、发酵、蒸馏而制成的。

关于世界蒸馏酒的分类，有两种方法：一种是以原料为主，兼顾生产工艺；另一种按糖化发酵剂来分类。

世界六大蒸馏酒的酿造特点

工艺	品类					
	中国白酒	威士忌	伏特加	金酒	白兰地	朗姆酒
糖化发酵剂	大曲、小曲	大麦芽、酵母	大麦芽、酵母	麦芽、酵母	酵母	酿酒酵母、生香酵母
原料	高粱、大米、玉米、小麦等	大麦、玉米	黑麦、大麦	杜松子、麦芽、玉米	葡萄糖或水果	甘蔗汁或糖蜜
原料处理	整粒或破碎	粉碎	粉碎	粉碎	破碎、渣汁分离或不分离	灭菌
发酵容器	泥窖、石窖或陶缸	木桶	大罐	大罐	大罐	大罐
发酵方式	固态或半固态	液态	液态	液态	液态	液态
酿造工艺	经蒸煮、糖化、发酵、蒸馏而制成	经糖化、发酵、蒸馏、陈酿、调配而成	经发酵、蒸馏后，再经过特殊工艺精制加工制成	经糖化、发酵、蒸馏后再用杜松子浸泡或串香复蒸馏制成	经发酵、蒸馏、陈酿、调配而成	经发酵、蒸馏，陈酿、调配而成

续表

工艺	品类					
	中国白酒	威士忌	伏特加	金酒	白兰地	朗姆酒
蒸馏设备	甑桶或釜式	壶式蒸馏锅	蒸馏塔	蒸馏塔	壶式蒸馏锅	壶式蒸馏锅，回锅、不回锅或连续蒸馏
贮存容器	陶坛或酒海等	橡木桶	—	—	橡木桶	橡木桶
勾调方式	组合、降度、调味	调度、调香	调度	调度、调香、调色	按酒度、橡桶材质、酒龄组合，调色	调度、调色、调香

（三）配制酒

配制酒是以发酵酒、蒸馏酒或谷物食用酿造酒精为酒基，加入可食用的辅料或食品添加剂，进行调配、混合或加工制成的、已改变了其原酒基风格的饮料酒。配制酒主要有中国药酒、五加皮酒、竹叶青酒、利口酒、鸡尾酒等。

可见，茶酒根据酿造工艺的不用，也可分为发酵型、蒸馏型、配制型茶酒。

二、中国白酒酿造工艺

由于我们目前讨论的茶酒为当代茶酒，以白酒为酒基，故需要对其进行专门的介绍。中国白酒是世界上独具风格、风味独特的一种蒸馏酒，已有数千年的悠久历史，传统技艺精湛，产品质量优良，标志着中国在酿酒工艺及蒸馏技术上的独特技艺和高超水平。

白酒生产工艺的特点是双蒸合一、配醅入窖、固态双边发酵、甑桶蒸馏。在这别具一格的工艺中，蕴含着极深的科学性和艺术性，是中国劳动人民和科学工作者对世界酿酒工业的特殊贡献。其独特的多种微生物固态发酵酿酒、甑桶蒸馏及其生产工艺形成了中国白酒风格的多样性。

中国白酒种类繁多，地方性强，产品各具特色，生产工艺各有特点。常见的分类法如下。

（一）按生产方式分类

1. 固态法白酒

固态法白酒是中国大多数名优白酒的传统生产方式，即固态配料、发酵和蒸馏的白酒。生产工艺简述如下：

（1）润粮　粉碎谷物，于热水浸泡后蒸煮。

（2）固态发酵　将粉碎的酒曲加到蒸煮好的谷物中，再把它们一起放入泥窖、石窖或者适合的陶缸中发酵1～9个月，不同香型的白酒其固态发酵过程中的工艺特点各不相同，复杂程度、发酵周期各具特色，如双轮底发酵、跑窖法、老五甑法等。发酵过程中，来自酒曲、陶缸表面、泥窖或者环境中的微生物开始生长代谢，将淀粉转化成糖，将糖变成乙醇，将蛋白质变成氨基酸，同时产生各种香味物质，如乙酸乙酯、己酸乙酯等。

（3）蒸酒　发酵完成后，便开始进入蒸馏环节。从酒窖或地缸中取出发酵好的谷物，并转移到酒甑中（专用蒸馏器），随后蒸汽加热。蒸汽穿过发酵好的谷物，拖带提取其中香味物质和乙醇，经冷凝后变成液体从冷凝器中流出，得到白酒。按上述步骤，将新一批的谷物放入泥窖和地缸中进行重复发酵，如此往复。

（4）陈酿和调配　这是白酒生产的最后步骤，一般采用陶缸贮存白酒。不同香型的白酒储存时间不同，酱香型和浓香型白酒一般为一年以上。由于不同批次的白酒质量不完全一样，需要通过调配来平衡产品质量。

（5）品控　调配完成后，还需要判断白酒质量，以前完全通过感官尝品来判断，现在除感官尝评外，还借助色谱分析。其酒醅含水分60%左右，大曲白酒、麸曲白酒和部分小曲白酒均采用此法生产。

固态法白酒以不同的发酵和操作条件，产生不同香味成分，因而固态法白酒的种类最多，产品风格各异。

2. 半固态法白酒

半固态法白酒是小曲白酒的传统生产方式之一，包括先培菌糖化、后发酵的工艺和边糖化边发酵的工艺。

3. 液态法白酒

以粮谷为原料，采用液态发酵法工艺所得的基酒，可添加谷物食用酿造酒精，不直接或间接添加非自身发酵产生的呈色呈香呈味物质，精制加工而成的白酒。

（二）按糖化发酵剂分类

1. 大曲白酒

以大曲为糖化发酵剂所生产的白酒。大曲一般采用小麦、大麦和豌豆等为原料，拌水后压制成砖块状的曲坯，在曲房中培养，让自然界中的各种微生物在上面生长而制成。因其块形较大，因而得名大曲。一般情况下，大曲白酒的风味物质含量高、香味好，但发酵周期长、生产成本高。多数名优酒均以大曲酿制。

2. 小曲白酒

以小曲为糖化发酵剂所生产的白酒。小曲包括药小曲、酒饼曲、无药白曲等，无论何种小曲，在制作过程中都接种曲或纯种根霉和酵母菌，因而小曲的糖化发酵力一般都强于大曲。与大曲白酒发酵相比，小曲白酒的生产用曲量少、发酵周期

传统工艺酿出飘香美酒

短、出酒率高、酒质醇和，但香味物质相对较少，酒体不如大曲白酒丰满。

3. 麸曲白酒

麸曲白酒是以麸皮为载体培养的纯种曲。霉菌为糖化剂、以固态或液态纯种培养的酵母为酒母而生产的白酒。

（三）按白酒香型分类

中国白酒是以富含淀粉质的粮谷类为原料，以中国酒曲为糖化发酵剂，采用固态、半固态发酵，经蒸馏、贮存和勾调而成的含酒精的饮料。因品种繁多，风味便各异，有的散发愉悦的水果香，有些类似酱油的香味，这些都是普通饮酒者对它们的直观描述，到目前为止，已形成十二种香型的白酒——浓香型、清香型、酱香型、米香型、药香、芝麻香、豉香、馥郁香、兼香型、凤香型、特香型、老白干香型。多种香型白酒的形成是千百年来不断总结、提高的结果，是中国广阔的地域、气候、原料、水质等诸多因素影响的结果，也是各香型酒之间不断相互模仿、借鉴的结果。

在众多香型的白酒中，浓香型白酒是消费者最喜爱的白酒类型之一。相比其他香型，浓香型白酒产量最大，其年销售量约占中国白酒的70%。

三、白酒科技发展热点

（一）白酒风味化学

白酒风味化学研究的重点，是进一步揭示风味物质对白酒风味的贡献及其生成途径，寻找提高现代化生产白酒风味品质的方法。自20世纪60年代始，中国酿酒业界开始投身白酒风味的研究工作。受当时客观条件限制，白酒中究竟存在多少种风味化合物，它们的来源及其对白酒风味的贡献等问题，都尚无得到很好解释。进入21世纪后，尤其是近10年来，随着前处理方法——包括搅拌棒吸附萃取法、固相微萃取法等的丰富和精密分析仪器（包括气质联机、全二维气质联机等）的应用，形成了以白酒风味定量为特点的系统方法学。白酒香型的发展以消费者的喜好为导向，开启了中国白酒新一轮创新性的研究，以风味协调、个性突出、批次稳定、饮后舒适等特征为导向，从而创新出了更多、更好的新香型白酒。

（二）白酒微生态

白酒的风味物质跟原料、工艺及酿酒微生物有很大的关系。其中，微生物所起作用最为关键。它们主要来自大曲、酒醅和窖泥，通过复杂的生化反应，这些微生物将淀粉、蛋白质和脂肪转化成糖、氨基酸和脂肪酸，再进一步转化成与酒的气味和口味有关的醇、醛、酸、酮、酯和其他香气成分风味物质。因此，系统研究微生物，有助于弄清其与风味物质之间的联系，提高白酒品质。

（三）提升白酒的健康性能

随着“健康中国”正式升级成为国家战略，虽然乙醇对人体健康利弊的争论从未停歇，也暂无科学定论，但白酒属食品，其第一要务是保证安全并有益于消费者的健康，这一发展目标各界均无异议，向健康白酒发展是中国白酒的新发展趋势。

白酒的健康因子一方面要从白酒中积极寻找，探明白酒中对人体有益的健康成分及其代谢途径，在工艺过程中提高白酒中健康成分的产生量，是强化白酒健康成分的最佳选择；另一方面也可酌情向白酒中添加已经确证的健康成分，于白酒生产过程中对功能性微生物和功能性原料进行补充和优化。以“内寻外加，自然强化”作为健康白酒的重要实现途径。而茶酒，正是在这一个思想指导下的成功产品。

第二节 茶酒酿造工艺与品类

茶酒，早在上古时期就有记载，但那时的茶酒仅仅是米酒浸茶，主要是简单地将茶和酒进行结合。目前，随着蒸馏技术的发展，各地出产的茶酒多数通过茶叶浸泡在一定的谷物食用酿造酒精或白酒中，再调配成茶酒，当属配制酒。而后逐步发展为米茶混合共同酿制，此时的茶酒应为发酵酒。传统工艺的茶酒，无论是配制型还是发酵型，酿制工艺都较为简单，无须用到蒸馏、萃取等精制工艺和现代设备，只要家中有粮、有茶、有曲，大可以自己动手，便能满足大家对茶酒的基本需求。

但现代茶酒不能再是简单地把茶叶放到酒中，或者把酒倒进茶汤中，也不能是通过传统的生产工艺浸泡、过滤、发酵、蒸馏等生产茶酒。现代的茶酒一定是可工业化生产的、健康的、完美融合茶酒特质的，其对现代茶酒的工艺要求非常明显。可以讲，现代茶酒和传统茶酒最大的不同就是制作工艺的不同，是否通过现代化的技术与装备，使得茶与酒完美融合，成为是否是现代茶酒的分水岭。

一、茶酒酿造的工艺特性

（一）古代茶酒酿造工艺

我们从工艺上分，可看出古代茶酒、现代茶酒的明显区别。

茶酒，后人记载早在上古时期就有，但那时的茶酒仅仅是米酒浸茶，是茶酒1.0的时代，而并非茶文化与酒文化的交融结合。800余年前北宋大学士苏轼留翰墨遗珍，古籍引注，记载了以茶酿酒的创想。进入21世纪后，对茶酒的研究才进一步深入，但当时人们对茶酒的概念还不是很明确，可说是随着实践与体验，人们才慢慢地了解了这个陌生的概念。

茗酿茶酒前世今生

（二）现代茶酒酿造工艺

现在，人们遵循千年古籍记载，继承珍贵的古方遗产，融合现代科学技术，创造出独特的茶酒酿造工艺，用茶叶成功酿制出茶酒，是华夏民族酿酒史上一次创新性革命。现在经过大量实验确定了茶叶发酵酒的生产工艺，以茶叶浸提液进行发酵、蒸馏制酒，使茶叶中的有效成分得到充分利用和保护；所得茶酒有浓郁茶香，口味柔和清爽，低热量低酒精度，适宜人群广，同时该产品具有工艺简单、操作方便、生产周期短、可用于大规模工业化生产的优点，因此有良好的开发前景。

现代茶酒的类型有以下三类：汽酒型茶酒、配制型茶酒和发酵型茶酒。茶酒的酿制技术也分为三类：一是茶酒的浸提勾调技术；二是茶酒的发酵技术；三是运用现代生物技术蒸馏法制备茶酒。

1. 浸提法

茶最早记载为药用，经后人长期实践，发现茶可配合其他中草药，医治多种疾病。乙醇是一种良好的半极性有机溶剂，中药的多种有效成分易溶于其中，药借酒力、酒助药势可充分发挥其疗效。上古时期记载的米酒浸茶是现代浸提工艺制备茶酒的开山鼻祖。

浸提法是茶叶浸提与白酒勾调，可分为水浸提和酒浸提。不同浸提方法、浸提温度、浸提时间、茶叶浓度和茶叶品种对茶叶活性成分含量的影响差异很大。

水浸提：将茶叶用热水或冷水浸泡、过滤和充分浸提，获得浓茶汁，再将浓茶汁与固态酒或谷物食用酿造酒精勾调调整口味，佐以蜂蜜、白砂糖和柠檬酸等调味剂，进行调配，不需澄清处理，直接杀菌装瓶即得成品茶酒。制得茶酒与浸提温度、时间关系显著，常出现液体浑浊、色泽混沌、茶香不足等问题。通过适当的β–环状糊精的添加，可以保色和增香，减轻茶叶的苦涩味和异味。

酒浸提法：制作茶酒的主要方法之一，将茶叶用食用白酒、黄酒和酒尾等浸泡，过滤获得浓茶酒汁，佐以蜂蜜、白砂糖和柠檬酸等调味剂进行勾调，经陈酿、澄清和过滤等工序后，茶酒澄清透明，色泽鲜亮，茶味、酒香味浓郁。但茶酒因氧化等原因常导致沉淀和色泽变化的问题，通过活性炭和超滤膜的二重过滤，可以提高茶酒货架期的品质稳定性。

其浸提酿酒工艺技术可分为：一次浸提工艺；二次浸提工艺。一次浸提工艺中，茶叶先用热水充分浸提，保证茶叶的风味物质充分溶解于茶汁中，经过滤后与白酒勾调，调整口味，不需澄清处理，直接杀菌装瓶即得成品茶酒，该工艺操作简单，酿制的茶酒具有茶的口味，又有酒的风格。二次浸提工艺中，浓茶汁与浓茶酒精浸提液混合后调配，经陈酿、澄清处理、过滤等工序后，茶酒澄清透明，色泽鲜亮，茶味、酒香味浓郁，但这两种工艺酿制的茶酒酒的度数较高（酒精度≥20%vol），只适宜于少数人饮用。

浸提法往往会出现浸提液不清澈、茶香不足等问题，不同种类酒基所浸提的茶的色泽与茶中内含物的浸出量也不尽相同。

2. 酿制法

将茶叶、粮食、酵母活化液混合进行固态发酵，然后压滤酒液、调配。采用发酵法制备的茶酒，酿制茶酒，主要的发酵技术有液态发酵和固态发酵，制得茶酒酒的度数偏低，过程较复杂，在生产过程及包装前的杀菌以及澄清处理都需要严格控制，避免杂菌的繁殖影响酒的风味和质量。另有一种黄酒发酵工艺，酒的度数偏低，酒体浑浊，有沉淀，其能有效提取茶叶功能成分，却难以保持茶叶的风味。

液态发酵工艺：在该工艺中，茶叶先用冷水浸提以除杂质，然后用90℃以上热水浸提，使茶中茶多酚、茶多糖、类黄酮物质（EGC和EGCG）等活性成分较大程度地溶出，过滤后加白砂糖、酵母活化液进行主发酵，发酵完毕，进行倒桶，将酵母、蛋白质等沉淀分离除去，就进入了陈酿阶段，陈酿有助于酒液中的物质发生缓慢的酯化反应，生成香味物质，使酒的口感变得柔和，在此阶段要加强管理，保证卫生，避免杂菌的繁殖影响酒的风味和质量。酒液经过陈酿后需要澄清处理，使酒液有良好的色泽和澄清度，提高酒的感官质量。

固态发酵工艺：采用玉米、茶叶、酵母活化液混合进行固态发酵，然后压滤酒液，再经过澄清处理等工序制成茶酒。干型茶酒的发酵工艺，筛选出发酵性能及抗逆性能均较优的菌株，该菌株还原糖利用率高，产酒率高，发酵中生酸少，残糖低。在茶酒澄清方面采用壳聚糖和皂土结合的方法取得了良好效果。

黄酒发酵工艺：将黄酒作为酒基，加入过滤杀菌后的茶汁、白砂糖、蜂蜜等原料，进行调配，经过滤杀菌灌装等工序制成茶酒。其酿制工分为两大步骤，一是黄酒酒基的制备，二是黄酒与茶汁、蜂蜜等原料调配成茶酒。

3. 配制法

将茶叶提取物直接添加到酒基中佐以食品添加剂进行调配。即配制茶酒，直接加入茶多酚和茶叶香精配制而成。

此法简单易行，但如何保证茶的原汁原味，获得茶与酒并存的效果则有待探讨。此法虽然可以省略茶的浸提工序，但茶多酚稳定性较差，以绿茶为原料的茶酒中茶多酚含量衰减最多，需要控制无氧、避光和低温贮藏，防止茶酒中茶多酚类物质的氧化和衰减。目前，通过提取与勾调技术的有机结合制作茶酒是一种趋势，得到的茶酒口感良好，香气适宜。

4. 蒸馏法

现代生物技术是蒸馏法制备茶酒的技术核心。它以该茶酒工艺需要辅以风味诱导缓释技术，将茶叶和粮食分别发酵、蒸馏陈酿、调和而成。此法制备的茶酒较为理想，其优点是茶香与酒香融合，缓慢释放，酒体清澈透明，并富含茶功能强化因子（茶氨酸、儿茶素、γ-氨基丁酸）。据实验室数据证明，茶氨酸为主的功能强化因子对酒精性肝损伤有显著的抗性效果，可刺激人体释放多巴胺、放松神经，有抗氧化的功效。其特点为：

茶、粮独立发酵；

运用离心薄膜蒸馏系统，从液体或浆料物质里定向提取高级风味组分。可定向提取茶叶高级香组分（芳樟醇、橙花叔醇等）；

功能强化因子配方。中华全国供销合作总社杭州茶叶研究院完成了“茶氨酸对实验动物酒精性肝损伤的抗性效果研究”“茶叶特征成分对食用乙醇化学损伤功能修饰技术研究”的技术成果，对由大量饮酒所致的神经系统和消化系统应激损伤具有减损和修复作用。选用具有较好类似功能成分的功能因子，增强茶氨酸的应用功能，作为茶氨酸的增效物，形成以茶氨酸为主的强效复合剂，可缓解和降低酒精性损伤，改善酒后不适。

（三）现代茶酒的特点

经大量实验，中国茶叶发酵酒的生产工艺有了重大突破，不但改善了口感，还实现了纯茶叶酿酒。进入21世纪后，中国对茶酒的研究有了进一步深入，人们慢慢地了解了这个原本陌生的概念。遵循千年古籍记载，继承珍贵的古方遗产，融合现代科学技术，人们创造出独特的茶酒酿造工艺，用茶叶成功酿制出茶酒，这是华夏民族酿酒史上一次创新性革命。

茶酒的基本优势特点在于三点：一是口感，茶酒兼具茶和酒的特点，具有茶香、味纯、爽口、酸甜和醇厚等；二是度数，茶酒是一种乙醇含量低或中等的酒或低醇饮料，适饮范围广；三是营养，茶酒是集营养、保健和药疗为一体的多功能饮料，同时又是一种茶和酒综合产品，兼备两者所长，市场广阔。

1. 从工艺类型看

纵观现有的茶酒类型，以配制型茶酒居多，而通过原茶发酵制成的发酵型茶酒也正在逐渐增多。汽酒型是仿照香槟酒的风味和特点，以茶叶汁为主料，配以谷物食用酿造酒精、糖和有机酸，用人工方法充入二氧化碳配制而成。配制型是模拟果酒的特点加工而成的，是以茶叶汁为主要原料，辅以谷物食用酿造酒精、蔗糖、有机酸等，按一定比例和添加顺序配制而成。

发酵型茶酒分为固态发酵型和液态发酵型两类，固态发酵型茶酒是将茶叶加在酒醅中，拌匀，入窖发酵，发酵期满后经蒸馏工艺得到的茶酒；液态发酵型茶酒是以茶叶汁为主要原料，人工添加酵母、糖、有机酸等物质，在一定的条件下进行发酵而成的茶酒。从感官品评的角度分析，绿茶酒、红茶酒、乌龙茶酒、花茶酒、苦丁茶酒等种类及汽酒型、配制型、发酵型茶酒，各自具有其独特口感和风味特征。相比较而言，固态发酵型茶酒较液态发酵型茶酒有更加丰富的口感和特征风味物质。

2. 从时代看

如果以历史为划分单元，还可分为旧时茶酒和新时茶酒。20世纪40年代，复旦大学王泽农教授率先用发酵法制备茶酒。研究分析表明，茶中的化学物质超过1400种，其中含有多种营养成分和功能因子。使其具备了对人体有益的营养和生理调节功能。

在茗酿茶酒之前的茶酒，我们也可称其为旧时茶酒，茗酿茶酒的出现意味着茶酒到了新时茶酒时代。

3. 从品牌看

分为无品牌茶酒和有品牌茶酒。个人生产的茶酒或者小企业组织单位小规模生产的茶酒，凡是没有上市流通的，没有形成一定知名度和影响力的，我们将其认为是无品牌的茶酒。

4. 从视觉看

从颜色上分，分为有色茶酒和无色茶酒。有肉眼可见颜色的，是有色茶酒，酒体透明清澈的是无色茶酒。有色茶酒大多是1.0时代的茶酒和一些2.0时代的茶酒。有色茶酒在茶酒的制作工艺上，与3.0时代的茶酒相比，显然比较落后。有色茶酒中许多茶中的对人体有益的内含物质缺失，存在的内含物质相对3.0时代的茶酒而言，也不太容易被人体吸收消化。

甚至还有一部分有色茶酒的生产商添加了色素，这对人体是没有益处的。而无色茶酒大多是茶酒3.0时代的产物。工艺上比较先进。传统优质白酒所具有的百千种有益微量成分，与萃取的茶叶精华因子相得益彰。因此，茶酒3.0时代的无色茶酒是我们选择茶酒产品时的第一选择。

5. 从沉淀物含量区分

从沉淀物含量上分，有沉淀物茶酒和无沉淀物茶酒。有肉眼可见沉淀物质的，是有沉淀物茶酒；酒体透明清澈，没有任何肉眼可见沉淀物质的，是无沉淀物茶酒。有沉淀物茶酒大多是1.0时代的茶酒和一些2.0时代的茶酒。有沉淀物茶酒在茶酒的制作工艺上，对人体有益的内含物质不容易被人体吸收消化，而且大多数有沉淀物的茶酒不适合长期保存，若长时间存放容易发生变质。

而无沉淀物茶酒大多是茶酒3.0时代的产物。工艺上比较先进。传统优质白酒所具有的百千种有益微量成分，与萃取的茶叶精华因子相得益彰。因此，茶酒3.0时代的无沉淀物茶酒，才是现代技术生产的茶酒。

6. 从酒的度数区分

从酒的度数区分，分为低度茶酒和中高度茶酒。传统的茶酒基本上以低度白酒为主。我们认为30%vol以下的是低度茶酒，30%vol（含30%vol）以上的是中高度茶酒。相对低度茶酒而言，中高度茶酒对茶酒的制作工艺要求比较高。

二、现代茶酒产品的升级轨迹

现代茶酒的研制起源于20世纪40年代，由复旦大学王泽农教授用发酵法制备茶酒，但是当时由于战乱未能面市。20世纪80年代以来，我国各产茶省也纷纷进行研究和试制，茶酒产品不断上市。茶酒酿造技术也慢慢从具体制备工艺的研究改进，发展到茶酒营养、风味的强化（即品质的提高）和成分分析检测、功效评价等，最终形成一个较为完善的现代茶酒酿造技术体系。

中华全国供销合作总社杭州茶叶研究院茶酒研发团队核心成员

中华全国供销合作总社杭州茶叶研究院跨界应用技术团队自20世纪80年代开展茶酒技术攻关与产品研发以来，历经30余年，研发了茶酒酿造新技术，并与白酒龙头企业之一——泸州老窖股份有限公司达成战略合作，实现成果的转移转化与技术升级，创新研制茶酒的标杆产品——茗酿。

根据茶酒出现时间、加工工艺、产品品质等因素，将现代茶酒酿造技术的发展升级归类为三个不同阶段，分别为茶酒1.0时代、茶酒2.0时代、茶酒3.0时代。下文以现代茶酒标杆产品——茗酿的酿造技术发展为例，对不同阶段的茶酒酿造技术与产品特性进行介绍，让读者更具象地了解现代茶酒酿造技术与产品特性。

（一）现代茶酒的 1.0 时代

中华全国供销合作总社杭州茶叶研究院原有的茶酒酿造技术，茗酿的萌芽，为现代茶酒的1.0时代。

以中华全国供销合作总社杭州茶叶研究院张士康教授为首的茶酒专家团队，在传统发酵型茶酒的酿造基础上，以预防、缓解酒精化学损伤，酿造含茶叶风味的健康型茶酒为出发点，将茶叶与传统酿酒工艺相融合，研究了茶-粮复合发酵酿酒中茶叶对发酵过程的影响，探讨了茶叶参与传统酿酒工艺的发酵行为，并在此基础上，对茶粮复合发酵工艺进行研究，开发了富含茶香的高儿茶素型茶酒。具体技术如下。

1. 茶－粮复合发酵体系茶叶发酵行为研究

以茶-粮复合发酵体系，研究了茶叶对发酵过程中酵母生长、酒度、还原糖和可溶性固形物含量、儿茶素等的变化规律以及儿茶素在发酵产酸条件下稳定性情况，较为全面地阐明了茶叶在茶-粮复合发酵体系中的发酵行为，为茶叶参与传统酿酒提供了必要的基础性数据，对于探索茶-粮复合酿酒工艺具有重要的理论指导意义。

2. 高儿茶素型茶酒生产工艺技术

通过对茶叶发酵行为的研究，确定了茶叶影响发酵过程各阶段的主要参数，制定相应的工艺优化方案。采用液态发酵酿酒工艺，对主发酵及后发酵过程进行工艺优化，确定了最佳发酵工艺。对影响高儿茶素型茶酒产品质量稳定的非生物因素进行研究。设计茶酒浊度试验、乙醇浊度试验、冷浑浊试验、强化试验，对影响茶酒稳定性的非生物因素进行了考察。应用膜过滤技术提高茶酒非生物稳定性，最大限度保留茶叶香气物质，确定了最佳膜处理工艺。

1.0时代的茶酒酿造技术，侧重通过食品工业装备技术、生物化学机制等研究，摸清了茶酒酿造工艺对其品质的影响机制，达到对浸提、发酵、澄清、配制等传统茶酒酿造工艺的改进、优化，从而达到茶酒的规模化稳定生产的目的。简单来说，就是将传统“农副产品”属性的茶酒，搬上货架、商超，走向市场，赋予其商品属性。这样的茶酒虽然也有茶原叶自然的香气和功效成分，但是浸泡、发酵等工艺使茶叶中茶多酚、叶绿素、茶黄素、茶红素等有色且稳定性差的活性物质直接溶出，会使茶酒产品带有茶汤的颜色并在存放过程中发生内在质变，产生浑浊、沉淀，这对于商品化的茶酒来说，无疑是遏制其发展的短板。此外，茶酒的功效作用也需要通过科学数据进一步的明确、证实。这类茶酒并非是品质与风味的兼得，也与茶酒酿制鼻祖东坡先生的“茶酒采茗酿之，自然发酵蒸馏，其浆无色，茶香自溢”大相径庭，更谈不上茶文化与酒文化的交融结合。

（二）现代茶酒的2.0时代

现代茶酒的2.0时代，为中华全国供销合作总社杭州茶叶研究院升级的茶酒酿造技术，茗酿的雏形。近几十年来，茶、酒领域的学者们针对1.0时代茶酒的品质不稳定、功效不明确等问题展开了大量的技术攻关。“十二五”期间，中华全国供销合作总社杭州茶叶研究院茶酒研发团队，进一步明确并强化儿茶素的功效作用，选用具有较好类似功能成分的功能因子，如γ–氨基丁酸、牛磺酸、支链氨基酸（亮氨酸、异亮氨酸、缬氨酸）等，探讨这些物质的相互关系，增强茶氨酸和茶多酚的应用功能，研制了以L–茶氨酸、茶多酚为主要功效成分，多种氨基酸并存的复合氨基酸作为功能修饰因子配方，用以对酒体进行功能强化。同时研究了功能修饰因子及功能强化茶酒对小鼠醉酒及酒精化学损伤的影响。结果显示，功能修饰因子及功能强化茶酒在缓解及降低酒精化学损伤及肝损伤方面具有较好的效果。

采用微生物发酵的技术，对茶叶中儿茶素等不稳定成分进行定向的生物改性，使茶叶中的有效成分得到充分利用和保护，提高茶汤的稳定性，同时降低其苦涩味，所得茶酒有浓郁茶香，口味柔和清爽，具有良好的开发前景。具体技术如下。

1. 功能修饰因子配方体外抗氧化增效筛选技术

以酒精化学损伤的自由基理论为基础，以体外抗氧化性能为评价指标，筛选出6种与茶氨酸可协同增效的功能氨基酸作为功能强化因子配方，在此基础上，开展配方对羟自由基（·OH）、二苯代苦味酰基自由基（DPPH）、过氧化氢（H_2O_2）清除能力和过氧化脂质抑制作用的测定，评价了不同浓度功能修饰因子的抗氧化能力，结果显示功能修饰因子作用于高儿茶素型茶酒，可起到良好的抗氧化增效作用。

2. 功能修饰因子及功能强化型茶酒对小鼠酒精化学损伤影响的研究

通过动物试验的形态学及血清学方法对相关指标进行分析，用醉酒时间、醉酒持续时间和醉酒率等评价小鼠的醉酒程度，通过测定小鼠血液中谷丙转氨酶（ALT）、谷草转氨酶（AST）、甘油三酯（TG）、胆固醇（CHOL）、高密度脂蛋白（HDL）值以及肝和胃中丙二醛（MDA）、超氧化物歧化酶（SOD）、抗利尿激素（ADH）等代谢酶活力，综合评价功能因子对小鼠酒精化学损伤的影响。结果显示，功能修饰因子及功能强化型茶酒在缓解及降低小鼠酒精化学损伤方面具有显著的功效作用。

3. 抗酒精化学损伤的茶氨酸复合剂配方筛选与体外抗氧化活性研究

筛选了7～8种具有与茶氨酸、茶多酚有类似功能作用的常见功能物质，作为增效物的筛选对象，进行正交试验设计，采用流动注射化学发光法，以抗氧化活性为指标，进行增效物筛选及最优浓度优化。根据正交试验的抗氧化结果，综合确定4种功能物质为茶氨酸与茶多酚的抗氧化增效物，形成强效茶氨酸复合剂。

4. 茶氨酸复合剂对急性酒精中毒小鼠醉酒行为及酒精代谢的影响

研究茶氨酸复合剂对不同给药方式的急性酒精中毒小鼠醉酒时间、醉酒率、死亡率、血醇浓度以及肝组织、胃组织代谢酶的影响。实验结果表明：与模型组比较，茶氨酸复合剂各剂量组均能明显降低小鼠醉酒率，延长醉酒发生时间（$p<0.05$或$p<0.01$）。与对照组比较，茶氨酸复合剂各剂量组均可降低小鼠血清中乙醇浓度，且高、低剂量组与之比较有非常显著性差异（$p<0.01$）。与对照组比较，茶氨酸复合剂可显著减少胃、肝组织MDA生成、增加SOD的活力，显著升高大量饮酒后小鼠肝组织ADH活力，促进酒精代谢。

5. 茶氨酸复合剂对酒精性肝损伤大鼠肝脏保护作用研究

建立大鼠酒精肝损伤模型，研究茶氨酸复合剂对酒精肝损伤大鼠血清ALT、AST、TG水平以及肝脏病理组织形态的影响。实验结果表明：茶氨酸复合剂各剂量组可显著降低血清ALT、AST、TG水平，在肝脏病理组织形态方面，各剂量组肝脏形态学改变较为明显，对肝脏具有明显保护作用。

6. 儿茶素生物改性稳态化关键技术

采用生物风味酶对茶叶浸提液中风味前体物质进行酶解，释放醇系香气如芳香醇及其氧化物，香叶醇、橙花醇和苯乙醇等风味物质，对茶汁起到增香的作用；浸提后的茶汁采用两步发酵，发酵第一步即在酶解后的茶汁中加入特定功能的生物转化菌进行发酵，其特异性分泌的生物酶能够将茶汁中的儿茶素类转化成儿茶素糖苷，从而使儿茶素水溶性增强，提高儿茶素类的口服吸收性，使儿茶素的生物活性在生物体内有效发挥。同时，儿茶素类经生物转化后可使茶汁呈味性得到明显改善（苦、涩味减轻），光、热稳定性显著提高。第二步发酵即混合发酵，通过酵母菌和乳酸菌，充分发挥各菌种的优势，全面转化茶汁中的生物成分。

这是茶酒的2.0时代。相比1.0时代的茶酒，2.0时代茶酒的酿造技术已经从传统工艺技术的优化及工业化放大，发展到利用现代生物技术对茶酒进行品质提升、功能强化及功效评价等阶段。该技术也得到今世缘、泸州老窖等酒业龙头企业的认可，并最终在泸州老窖实现技术转化，研发出茗酿一代茶酒，即茗酿雏形，该产品具有浓郁的茶叶香气、色泽黄褐透亮、品质稳定、相对传统白酒具有一定的健康功效。但经过泸州老窖股份有限公司广泛的市场调研后发现，嗜好白酒的消费者，尽管十分认可茶叶的健康功效和独特芳香，但仍旧无法割舍对传统白酒无色澄清品质特征的偏爱。此外，随着该阶段茶酒产品的不断面市，茶酒的品质鉴定与真假判别，也成为现代茶酒行业发展的内在需求。因此，也不能止步于茶酒2.0时代。

（三）现代茶酒 3.0 时代——茗酿

何为现代茶酒的3.0时代？3.0时代的茶酒，应该是茶和酒二者皆为人嗜爱的优点的融合，即茶与酒感官品质——色、香、味的完美融合，活性成分的完美融合，生理功效的完美融合，甚至是生产工艺的完美融合。我们认为，3.0时代茶酒要满足以下几个条件：一是无颜色；二是无杂质沉淀物；三是有茶叶的天然活性成分和一定的健康功效，有明显的茶味，且一定是天然的。这样的酒才能称之为3.0时代茶酒。

如果能研制出具有独特茶香风味和茶叶功效成分，又是无色透明、品质稳定的茶酒，鱼和熊掌兼得岂不妙哉！

中华全国供销合作总社杭州茶叶研究院与泸州老窖股份有限公司研发团队在原始1.0时代、2.0时代茶酒酿造技术的基础上，取长补短，着力攻克茶酒用茶原料定向精制及其风味诱导、超重力旋转蒸馏系统（CFDS）风味提制、稳态化、风味编码和风味功能因子功效评价等关键技术，创新研制茶酒三代产品——茗酿。核心技术如下。

茗酿 · 萃绿

1. 茶叶原料定向精制工艺

基于茶叶香气与浓香型白酒香气的完美融合需求，通过实地调研、考察，收集了全国典型红茶样品40余个，组织专家进行感官审评，茶叶原料最终选自北纬23° 27′附近滇红核心产区（产地：云南凤庆县），在北回归线附近的这个区域，被科学家称为“生物优生地带”。茶区平均海拔在1000～2000米，山峦起伏，云雾缭绕，溪涧穿织，雨量充沛，土壤肥沃，多红黄壤土，腐殖质丰富，具有适宜茶树生长的得天独厚的自然条件。

核心原料经独特加工及拼配工艺，为茶酒开发精心研制的生物活性物质丰富，花香自然、果香馥郁，滋味醇厚甘甜，汤色红艳清亮的专属茶叶原料。通过高通量理化分析并初定茶原料要求。

2. 茶叶风味诱导及其提制技术

基于茶叶风味释放酶系，结合光、氧、热等关键因子控制，通过萎凋、揉捻等加工工艺，定向诱导芳樟醇及其氧化物、香叶醇、苯乙醇等茶特征香充分高效合成并释放，采用超重力旋转蒸馏系统实现茶叶风味组分定向转化、富集及浓缩，制得的茶叶香气浓缩液为无色透明水溶液，具有茶叶特征香味，香气馥郁、无青草香、无异味。

3. 茶叶香气浓缩液定香及保质技术

通过泸州老窖浓香基酒为本底，采用露酒调制工艺，实现茶、酒风味物质的互作柔和，提高茶叶香气浓缩液稳定性，延长贮藏期，同时不影响茶酒系列产品的口感、澄清度等品质特征。

4. 茗酿风味编码

利用固相微萃取-气质联用（SPME-GC-MS）技术，对不同产地、品种、工艺和等级的茶叶进行风味编码，获得了茗酿用茶原料风味特征图谱，明确了茗酿用茶原料的特征风味因子及指标。

基于茶、酒风味复合体系，建立茶酒风味检测分析方法。获得了茗酿及其基酒风味因子特征图谱。通过霍特林统计量检验、主成分分析、偏最小二乘法分析、热图等统计分析方法，明确了茗酿的特征风味因子主要包括芳樟醇或其衍生物、香叶醇或其衍生物（α-松油醇），判定为茗酿样本中关键标志性风味物质。

5. 茶酒（茗酿）功能因子体外抗氧化研究

摸索并构建了茶提取物、茗酿、酒基等DPPH、ABTS等自由基清除实验模型，明确了茗酿、茶风味因子具有一定的DPPH、ABTS自由基清除能力，且与其添加量呈正比。证明了茶风味因子与茶多酚等茶功能因子具有体外抗氧化协调作用。

6. 茶酒（茗酿）功能因子细胞及动物功能研究

通过蛋白组学、基因组学等高通量组学技术，重点关注肝脏中糖脂代谢通路中关键酶及其基因的差异表达［糖代谢：丙酮酸脱氢酶（PHD）、异柠檬酸脱氢酶（IDH）等；脂代谢：乙酰CoA羧化酶（ACC）、脂肪酸合酶（FAS）等］，深入研究茶功能因子干预酒精性糖脂代谢失衡的作用机理。进而挖掘茶酒新功效作用，并通过茶功能物质优化，强化其功效作用。

至此，中华全国供销合作总社杭州茶叶研究院与泸州老窖股份有限公司双方科研人员经过1.0时代、2.0时代、3.0时代茶酒酿造技术的集成，最终研发了茗酿茶酒，茗酿茶酒的出现意味着茶酒到了3.0新时代。产品品质表现为“润、香、清、散、化”：

润　指入口，品，舒爽，润滑；科学依据，有氨基酸等鲜爽物质。

香　指入鼻，闻，茶叶等天然的生态花果香，馥悠，沁人心脾；科学依据，茶、粮独立发酵，风味物质定向融合等技术，有芳樟醇、水杨酸甲酯等特征物质。

清　指入眼，观，酒体清亮、通透，引申为肌骨清、品格端正；科学依据，超重力旋转蒸馏系统等制备工艺保障。

散　指入身，体，散却身体浊气、平生烦恼；科学依据，挥发性物质、多酚类等物质分解体内氨、自由基，乙醇促进血液循环，散发淤积。

化　指入神，悟，饮后神清气爽，健体强身，通仙化境，引申酒体独有功能；科学依据：茶氨酸安神启智，挥发性物质、多酚类等物质减少肝脏的酒精性损伤。

第四章 当代茶酒成分与功效

——蠲忧忿与荡昏寐

CHAPTER 04

至若救渴，饮之以浆；
蠲忧忿，饮之以酒；
荡昏寐，饮之以茶。

唐·陆羽《茶经》

茗酿

第一节 酒的成分与功效

要说茶酒的药理功能，可从陆羽对茶与酒的效能说起，一个是蠲忧忿的酒，另一个是荡昏寐的茶。一个养神疗心，另一个健身康体，茶与酒共有的药理性功能，是它们能够共生成“茶酒”的重要基础。这两样宝贝结合在一起，就是茶酒的药理功能了。但我们还是得先分别把酒与茶的药性给说清楚，才能够把茶酒的精神悟透。

所以，还是从酒的药性开始吧。

一、古代中医中酒的疗效记载

其实，单从字形中考证，就有学者以为“医源于酒”。说的是古人造字，“醫”是个形声字，从西，而“西”在古汉语中就是酒的本字。《说文解字》解释“醫”为“治病工”，也就是今天的大夫医生。醫声发“殹”，《说文解字》以为“殹”就是病人发出的呻吟声。醫又是个从酉、从殹的会意字，从酉，说明医生治病需用酒，反映了当时的医酒文化。古代文献对此多有记载。《史记·扁鹊仓公列传》记载：“疾在肠胃，酒醪之所及也。”《礼记·射义》说：“酒者，所以养老也，所以养病也。”《礼记·曲礼》说：“有疾则饮酒食肉。”《黄帝内经·素问·血气形志》说：“病生于不仁，治之以按摩醪药。”

中国自古就有“酒为百药之长”的说法。传说正是黄帝发明了“酒泉之法”，以曲米加丹药造酒，并曾有“汤液酒醪”的见解。史书中还提到一种特别古老的、用动物乳汁酿成的甜酒醴酪，是一种奶酒。医术的发明也在那个时代亮相。《黄帝内经·素问》篇中记载了黄帝与岐伯讨论如何酿酒的情景：黄帝问：“为五谷汤液及醪醴奈何?”岐伯对：“必以稻米，炊之稻薪，稻米者完，稻薪者坚。”黄帝又问：“何以然?”岐伯曰：“此得天地之和，高下之宜，故能至完：伐取得时，故能至坚也。”

两位上古圣人经过讨论得出结论：人如果身体虚弱，可以喝点酒用以疗养，如果病在肠胃之内，也就是酒能够达到的地方，喝酒是可以起到治疗的效果的。在此，他们不仅把酒看作饮料，还把它当作治病的药物。所谓醴酒、醪醴，就是中药剂型一种，俗称药酒。酒令人愉悦，其作用自然就得到了更大的发挥。在仰韶文化中晚期的黄帝时代，酒属于大医术治病范畴，酒有着重要的地位。

殷商时代中国的酿酒业已大行其道，药酒的功能已经被人发现。我们已知，三千多年前的中国先民便掌握了曲糵酿酒技术。罗振玉考证的《殷虚书契前编》甲骨文中，有“鬯其酒”的记载，汉朝班固《白虎通义·考黜》解释为：“鬯者，以百草之香，郁金合而酿之成为鬯”。专家研究以为甲骨文所载的“鬯其酒”应是芳香的药酒。这是文字记载中最古老的酒，并且和中医药学有密切关系。当时的饮料酒有酒、醴和鬯，饮酒风气很盛，特别是贵族饮酒极为盛行。

药酒是中医用于防治疾病、历史最为悠久的传统剂型之一，汉代酒的药用功能用途扩大，以酒入药成常规，如东汉名医张仲景便用酒疗病。中国的古药酒是选配适当中药，经过必要的加工，用度数适宜的白酒或黄酒为溶媒，浸出其有效成分而制成的澄明液体。当然也有在酿酒过程里，加入适宜的中药制作而成的。药酒曾在

我国医药史上处于重要的地位，至今仍在医疗保健等方面发挥着重要作用。

现在可见的我国最古的药酒酿制方，在1973年马王堆出土的帛书《养生方》和《杂疗方》中。从《养生方》的现存文字中，可以辨识的药酒方共有6个：一是用麦冬（即颠棘）配合秫米等酿制的药酒；二是用黍米、糯米等制成的药酒；三是用美酒和麦等制成的药酒；四是用石膏、藁[1]本、牛膝等药酿制的药酒；五是用漆和乌喙（乌头）等药物酿制的药酒；六是用漆、节（玉竹）、黍、稻、乌喙等酿制的药酒。

而《杂疗方》中酿制的药酒只有一方，即用一种名唤“智”的物质和薜荔根等药制成醴酒。这些药酒方中，大多数资料已不齐，相对比较完整是《养生方·醪利中》的第二方，该方包括了整个药酒制作过程、服用方法、功能主治等内容，是酿制药酒工艺的最早的完整记载，也是我国药学史上重要史料。

前文中提到的、云南少数民族有一款“龙虎斗”茶酒，则是标准的茶酒兑，首先在一个敞口的茶盏中倒入土制的白烧酒，点燃之后，盏上一片蓝火跳动，然后高高举起茶壶，里面盛满了热茶，以茶注细细冲入盏中，制作这样的茶酒是专门用来治瘴气的，从前生活在深山老林中的山民每天清晨起来，先喝此茶，去瘴气活筋骨，一天的劳作方能够开始。

《神农本草经》已有用酒泡制药材的记录；《汉书·食货志》下云：“酒，天之美禄……酒，百药之长”，是说酒可用作药引，可浸泡各种药物制成药酒；《伤寒论》诸方剂中使用酒的有21例；《本草纲目》中则详列了各种药酒达70种之多。中国的酒与中医药发生着如此密切的关系，无怪乎清代文人袁枚赞称：“妙手回春赖酒力，药到病除籍酒功。”

二、酒对人体的药理功效

药酒作为酒类中的一大类，目前我们所知的有长生固本酒、养生酒、读书丸浸酒、五精酒、十全大补酒、百益长春酒、大补药酒、状元红酒、参茸酒、仙灵脾酒、枸杞酒、周公百岁酒、何首乌回春酒、五加皮酒、黄精酒、菊花酒、参苓白术

---

① 藁（gǎo）：本义指多年生草本植物，茎直立中空，根可入药，又称“西芎”“抚芎”。也同“稾（稿）”，有禾秆，稿子、草稿之意。

酒、茯苓酒、首乌金樱酒、定志酒、养荣酒等。另有浸泡着虎骨、蛇等动物成分的酒，从古到今层出不穷。

每天适量饮酒，可能对人体有益。

（一）有助于降低有害胆固醇

这种现象是从一个称作“法国悖论”的悖论开始的。据说营养学家和医学家们，都曾对此迷惑不解：因为他们发现法国人明明吃那么多高饱和脂肪的食物，但他们患冠心病的概率却较低。研究人员发现，“法国悖论”的产生主要归功于红葡萄酒。红葡萄酒是法国人日常饮食中不可缺少的角色，它可以减少有害胆固醇，预防血栓，从而降低冠心病的患病率。他们认为，为了达到这样的效果，女人每天应该喝一杯葡萄酒（100~150毫升），而男人可以约喝两杯（200~250毫升）。而红葡萄酒之所以有这样的效果，是因为红葡萄酒中的多酚物质有预防血栓的功效，冬季是心血管病的高发季节，少量饮用红酒有助预防此类疾患。另外，在各种葡萄酒中，红葡萄酒中白藜芦醇的含量最高，这种物质有助抑制癌细胞。

（二）有助于预防糖尿病

医学家的研究发现，酒可以激发人体产生胰岛素，从而预防因血糖突然升高而导致的Ⅱ型糖尿病。但究竟怎么样地喝法，时间、季节、量度、温度，还需要进一步研究才能确定其效果如何。

（三）有助于激发大脑智能

酒，不但可以减少有害胆固醇，还可以提高人体有益胆固醇含量，使血液更通畅流向大脑。适量饮酒可以扩大大脑血管，提高血流量，抗击与痴呆症相关的有毒蛋白质。另外，乙醇可以让脑细胞产生可控性压力，从而帮助它们更好地处理可能导致痴呆症的强大压力。当然，前提必须是适量。

（四）有助于预防胆结石

胆结石的主要构成成分之一就是胆固醇。酒中的抗氧化物可以提高人体，包括胆囊里的有益胆固醇含量，减少有害胆固醇的堆积，从而预防胆结石的产生。

（五）有助于控制体重

这似乎也是一个悖论，酒足饭饱啤酒肚子，往往是酒鬼的象征。但实践已经证明，长期适量饮酒，人体可以有效地代谢乙醇，不会引起体重增加，还可以有效防止进食过量。比如，一杯淡味啤酒就可以让你的肠胃产生饱足感，控制食欲，但又不会带来过高的热量。

（六）有助于预防肿瘤

红葡萄酒中的白藜芦醇具有强大的健康功效，可以预防脂肪积累，降低胰岛素抗性。一些研究人员相信，白藜芦醇可以通过抑制肿瘤血管的生长，来达到预防和治疗肿瘤的效果，甚至还可以通过阻隔雌性激素的生长效应来抑制乳腺癌细胞的生长。

（七）有助于强化骨骼

啤酒对强化骨骼是有一定效果的，它包含大量的硅元素，跟牛奶中的钙元素一样，都可以强化骨质密度，预防骨质疏松症。有美国塔夫斯大学（Tufts University）的研究发现，每天适量喝点啤酒或葡萄酒的人，不管男女，都比那些不喝的人具有更高的骨密度。

（八）有助于滋养皮肤

茶浴对人体皮肤有良好的保健作用，酒是否也有这样的功效呢？酒浴，就是专门作用于人体皮肤的，有一种特效的酒浴酒。入浴时向浴水加入750毫升饮浴两用的特效酒，使身体异常暖和，浴后皮肤光洁如玉。日本人称其为“玉之肤”。这种酒是将同样发酵的酒糟和米酒混合，蒸制而成的清酒，酒糖中原来含有基酸、蛋白质和维生素等物质，经发酵后比普通清酒高几倍，颜色淡黄，醇香可口。此种酒内服外用，能加速血液循环，且对神经传导产生良好的反馈作用。酒浴对一些皮肤病、神经痛等疾患有较好的疗效，且简便易行，故作为一种保健方法而风靡一时。

三、传统中国白酒中微量成分与健康

中国白酒因原料和酿造工艺的独特性而含有众多对人体有益的功能性成分。白酒不同于酒精。除酒精外，白酒中含有1%~3%的微量组分，随着科技的发展，已测得2000种左右的各类成分。正如余乾伟在《传统白酒酿造技术》一书中所述："白酒中含有数量众多的微量成分，尽管它的乙醇含量较高，但从属性上看早已发生变化，白酒对于人体的作用与酒精不能同日而语，白酒中多功能性成分同时存在，其配伍犹如中草药的汤剂。"

除了乙醇能够通经活络，促进血液循环外，尚有多种具有潜在生物活性的成分，如低分子有机酸（乙酸、乳酸、苹果酸、酒石酸、亚油酸等）、酯类（乙酸乙酯、乳酸乙酯、已酸乙酯、亚油酸乙酯等）、内酯类、芳香族化合物、酚类、杂环类（吡嗪类、呋喃、噻吩、噻唑等）、萜烯类、氨基酸、难挥发性的大环酯肽类物质和微量元素等多种成分可能通过调节免疫、发挥抗菌及抗氧化、抑制乙醇诱导的肝损伤等途径对人体有益。

酿造白酒的"武功秘籍"：看花摘酒

（一）有助于调节免疫、抗炎杀菌

乙酸、丙酸和丁酸等短链脂肪酸（SCFAs）是结肠上皮细胞的重要能量来源，白酒中的短链脂肪酸能够为结肠上皮细胞提供营养，预防营养不良造成的短期黏膜萎缩以及长期营养性结肠炎。短链脂肪酸还具有免疫调节功效，通过增加肠道紧密连接蛋白或相关基因的表达，来增强肠屏障的功能。

白酒功能成分的热点之一为四甲基吡嗪（又名川芎嗪），最初是从伞形科藁本属植物川芎中分离提纯的生物碱单体，可活血行气祛瘀，其在酱香型白酒、浓香型白酒、清香型白酒、芝麻香型白酒、药香型白酒、凤香型白酒、兼香型白酒、老白干香型白酒中均有检出，含量范围在500～6000微克/升。吴建峰详细介绍了川芎嗪在白酒制曲过程和酿酒堆积发酵过程中的产生途径，其认为酒中川芎嗪的含量可达到一定的保健功效。杨涛等采用体外模型试验研究了白酒中20种微量成分的生理活性，结果发现以川芎嗪为代表的吡嗪类化合物具有抗氧化、增强免疫等功效。

白酒中酚类物质大都含有单个苯环，如愈创木酚、4–甲基愈创木酚、4–乙基愈创木酚、4–羟基3–甲氧基肉桂酸、麝香草酚、丁香酚等。麝香草酚则具有良好的杀菌作用，在临床上可以用于治疗气管炎百日咳等疾病。丁香酚也被报道具有抑菌抗炎、解热镇痛等药效。另外，文献报道愈创木酚、4–甲基愈创木酚、4–乙基愈创木酚等都具有良好的体外自由基清除能力，并且还能起到抗菌和抗病毒等功能。

（二）有助于降低器官损伤

Wu等采用乙酸乙酯对景芝芝麻香型白酒进行液液萃取后获得白酒浓缩样品的萃取物（CBS），发现用0.75~3.10毫克/毫升CBS温育处理24h后，受损的肝HepG2细胞内活性氧（ROS）含量水平与对照组相比下降14.5%～22.7%。这说明，白酒能够在一定程度上清除细胞内产生的活性氧，从而保护HepG2细胞减轻或者避免氧化损伤。

酒中的酯类物质有比较轻微的兴奋刺激作用，能抑制或麻醉神经系统，从而降低饮酒后的头痛感。在饮酒后，酯类物质在人体内还可以通过激活乙醇代谢关键酶（乙醇脱氢酶和乙醛脱氢酶）的活性，加快乙醇和乙醛代谢速率，使乙醇、乙醛在人体内的积累减少，进而降低其对机体的毒性作用，因此酒后不易出现严重的醉酒反应。

有学者采用动物模型试验考察川芎嗪对急性肝损伤的保护作用，发现川芎嗪具有保肝、护肝，防止肝纤维化等功效。四甲基吡嗪还可防止由无水乙醇引起的肾中毒。

霍嘉颖等利用直接浓缩并结合液液萃取法从国井芝麻香型白酒中分离纯化出多种抗氧化肽，发现它们对氧化损伤的HepG2细胞内产生的活性率具有清除作用，从而提高细胞的抗氧化能力，能够减小细胞损伤。

（三）有助于降低衰老性、代谢性疾病风险

刘银等对105只雄性大鼠灌服2种浓香型白酒（酒精度为52%vol），持续8周后发现大鼠肝功能、血脂及脂肪分解等指标均与对照组无显著性差异。这说明2种酒样均不会损伤大鼠的肝功能，且不会提升大鼠体内血脂的含量水平。证实了适量浓香型白酒可提高部分脂肪分解关键酶水平，同时降低脂肪合成关键酶水平，适量饮酒能够调节机体脂代谢。李钰等探究了适量白酒对动脉粥样硬化模型大鼠血脂及炎症因子的影响，证实适量白酒0.9～2.2毫升/（千克·天）在一定程度具有预防动脉粥样硬化、保护心血管系统的作用。

报道称，乙酸、丙酸和丁酸等短链脂肪酸及其乙酯参与肠道中多种代谢通路，与健康息息相关，如丁酸可以减少结直肠癌的风险。近年发现短链脂肪酸与肥胖也存在关联，其能抑制脂肪细胞中的胰岛素信号，从而抑制脂肪组织中脂肪累积，并促进其他组织中脂肪和葡萄糖代谢。

此外，酯类在饮后被人体吸收，能代谢分解成高级脂肪酸，有助于抑制胆固醇的生成，因而能降低患冠心病的概率。

白酒中含有呋喃类、吡咯类、噻吩类、噻唑类、吡嗪类等杂环化合物，具有体外抗氧化作用，有助于降低氧化损伤累积导致的癌症、肝脏疾病、阿尔茨海默病、衰老、炎症、糖尿病、帕金森综合征、动脉粥样硬化以及艾滋病等的发病风险。主要通过两种途径发挥生物活性作用：一种是直接参与中和活性氧，形成氧化活性较低的产物，从而保护组织免受氧化损伤；另一种是调控基因的表达，参与诱导抗氧化防御系统中相关蛋白表达基因的激活，以及导致氧化应激相关基因的沉默。

同时医药行业对川芎嗪进行了大量的药理和临床治疗研究，研究证明川芎嗪具有改善微循环、抑制血小板集聚、防止胃黏膜损失、降低脑萎缩伤害等作用，而且

对中枢神经有影响，能改善学习障碍。

白酒中一种酚类物质为4–羟基3–甲氧基肉桂酸，又被称为阿魏酸，是一种具有一定的抗癌功效的天然抗氧剂。阿魏酸的药理学活性主要通过抑制血小板聚集以及5–羟色胺释放，抑制血小板血栓素A2的生成，增强前列腺素活性以及缓解血管痉挛等，还可以抑制血栓形成及降低血液黏度。

萜烯类物质不仅是白酒中呈香、呈味的微量成分，而且是健康生物活性成分。如β–大马酮、（–）–龙脑、β–石竹烯、橙花叔醇、芳樟醇、β–紫罗兰酮、δ–杜松烯等，具有抗菌、抗病毒、抗氧化、止痛、消化活力、抗癌防癌以及抗炎症等生物活性，且具有化学信息力。

四、科学饮酒更健康

尽管白酒中的含有上述诸多有益成分，但人们在品饮时，必须科学、适量饮酒，注意以下事项。

（一）必须饮量适度

这一点是至关重要的。古今中外，关于饮酒害利之所以有较多的争议，问题的关键即在于饮量的多少。少饮有益，过饮有害。

（二）选择准确的饮酒时间

中国传统习俗，一般认为酒不可夜饮。之所以不可夜饮，主要是因为人气收敛，所饮之酒不能发散，热壅于里，有伤心伤目之弊；另一方面酒本为发散走窜之物，会扰乱夜间人气的收敛和平静，伤人之和。在关于饮酒的节令问题上，一些人从季节温度高低而论，认为冬季严寒，宜于饮酒，以温阳散寒。

（三）饮酒温度

一些人主张冷饮，另一些人主张温饮。冷饮者认为，酒性本热，如果热饮，其热更甚，易于损胃。如果冷饮，则以冷制热，无过热之害。另一派比较折中，认为冷酒伤胃，故可温饮，但不要热饮。至于冷饮温饮何者适宜，可根据个体情况的不同而有所区别对待。

（四）辨证选酒

根据中医理论，饮酒养生较适宜于年老者、气血运行迟缓者、阳气不振者，以及体内有寒气、有痹阻、有淤滞者。这是就单纯的酒而言，不是指药酒。药酒随所用药物的不同而具有不同的性能，用补者有补血、滋阴、补阳、益气的不同，用攻者有化痰、燥湿、理气、行血、消积等的区别，不可一概用之。体虚者用补酒，血脉不通者则用行气活血通络的药酒；有寒者用酒宜温，而有热者用酒宜清。就和吃药一样，都要因病而异的。

五、“兼容并蓄”“恰如其分”成就酒的健康属性

酒不同于茶，因其甘美、浓缩、热烈等特点稍不留神就容易微醺或酩酊。饮酒之人众多，免不了会有部分负面的后果产生，将全部罪责推卸给“酒”要比承认饮酒之人自己的过度饮用要容易得多。也正因此，从古至今，关于酒的健康属性一直存在很大的争议，到目前为止仍未能有统一定论。

自2006年9月在贵州省贵阳市召开的“首届中国白酒与健康学术研讨会”以来，白酒与人体健康便开始成为当今社会的一个关注点。2008年10月在四川省泸州市召开了“白酒与健康国际学术研讨会”，从科学的角度展现了中国白酒的品质魅力，使“适量饮酒有益健康”的消费理念深入人心。2013年10月在江苏省无锡市召开了“中国传统白酒与健康学术研讨会”，极大地推动了中国传统白酒产业的健康研究。通过这一系列的研讨会，“白酒与人体健康”的话题引起了行业的高度重视。2017年3月，中国白酒健康研究院在北京正式成立，旨在提升白酒健康价值、推动科研成果的分享转化与宣传白酒健康文化，开创健康白酒新格局。中国白酒健康研究院的成立，为提高人们对白酒科学、客观的认识，倡导“科学、文明、适量饮酒有益健康”的饮酒观念和风气提供了重要的契机，并且为揭示白酒中健康功能性组分对人体的健康作用提供了研究平台。

从酒的发展历史及酒文化传承角度看，白酒能够存在到现在，肯定有其合理性，我们在饮酒之前加上两个约束条件，那么酒的健康属性则应该会得到绝大多数人的认同，那就是“恰如其分”和“兼容并蓄”。

第二节 茶的成分与功效

我国是世界上最早发现和利用茶的国家，唐代陆羽在《茶经》中称“茶之为饮，发乎神农氏”，茶是中华民族先民们最早接触的“药”，被誉为“万病之药”。

现代医学以一系列严谨的科学数据，证实了茶的药理作用。茶被誉为21世纪的健康饮品。

关于茶为万病之药的说法，有学者以为出于唐代大医学家陈藏器（约公元687—757年），他在《本草拾遗》中说：“诸药为各病之药，茶为万病之药。”可惜《本草拾遗》失传了，有人认为是被宋代日本留学高僧荣西（公元1141—1215年）转录到他的著作《吃茶养生记》里面去。他这样写道：“贵哉茶乎，上通神灵诸天境界，下资饱食侵害之人伦矣。诸药唯主一种病，各施用力耳，茶为万病之药而已。”也有人认为“万病之药”为荣西所言。

茶之为用，正是从药用开始的，把人从死亡中拯救过来，是性命关天之事。茶的功能是解毒，本质是甘苦，把神农从地狱门口拉回，故人类与它相亲相爱，相伴终生。

世界卫生组织推荐的健康食品名单，近年流行于国内外，其中详细介绍了10种健康食物，其中就包括绿茶。食物名单专门就绿茶作了如下说明：绿茶富含抗氧化、抗衰老、降血压、降血脂的茶多酚，缓解压力的茶氨酸，防止老化的谷氨酸，提升免疫力的γ-氨基丁酸等滋养强身的氨基酸，还具有利尿、消除压力、提神等作用的咖啡因等。除此之外，还含有红茶所没有的维生素C，维生素C是预防感冒、美肤所不可欠缺的营养素。

一、茶与中医的契合

神农尝百草，不但被作为中国茶叶史的开端，也被作为中医学史的源头，是中华民族的先民们最早接触的药。茶与中医学有着如此的复合性，不但与茶的药理作用，也是与茶文化与中医文化的契合分不开的。

中医文化基本观点，是在中国古代朴素的唯物观和自发的辩证法思想影响下形成的，尤其是深受《周易》的影响。“天人相应”是《周易》哲学思想的精髓，《周易·丰卦·彖传》说：“天地盈虚，与时消息，而况于人乎?”意思说，人与自然是一个统一的整体，自然界是人类生命赖以生存的外在环境，人类作为自然界的产物及其组成部分，只有顺应自然界的变化而变化，才能与天地日月共存，达到颐养天年的最终目的。

中医学完全吸收了《周易》这一哲学思想，其特点是整体观和辨证论治。整体观是中医学最基本的观点。首先认为人是一个有机整体，其次认为人体与自然界也是一个密切联系着的整体，人依赖自然界得以生存，同时自然界的运动变化又作用于人体。

中医学强调社会因素对病人的影响，明确指出学医之道要“上知天文，下知地理，中知人事”；行医之道要“入国问俗，上堂问礼，临病人问所便”。中医学非常重视心理因素对人体健康和疾病的作用，极为重视医德修养和医学伦理。中国自古就有“医乃仁术”之说，从《内经》认为“上医医国，中医医人，下医医病”，把治病、救人、济世看作三位一体。不为良相，则为良医，这句中国人的老话，是对中医这门职业胸怀和人格的评判标准。

中医学的这些基本观点，与20世纪60年代在北美兴起的一门综合性的临床医学学科——全科医学的整体观念是一致的。全科医学的基本特征，就是将生物医学、心理科学和社会科学有机地整合为一体，突出临床实用性、诊疗简便性和服务个体化，立足于社区和家庭，强调预防为主，重视医患关系，充分利用各种社会资源。中医学同全科医学的相似并非偶然，虽然一属古老的东方，一属当代西方前沿科学，但却有着共同的哲学基础和思维方式。

二、茶德、茶禅、茶鼎——通过身体到达心灵

正是中医文化的这些观点，把茶纳入了文化范畴。

中国人把心灵与肉体看作一个整体，中国人还发现，茶是一条美好的通道，通过茶这种饮品，可以经过肉体到达心灵，这就是一个人被茶所文化的过程。这里的茶显然不是纯粹作为自然物质饮料和药物的茶，而是经过儒、释、道三家文化所渗润透的茶。

（一）反身修德

儒家有一句著名的格言，千百年来成为士大夫文人的至理名言称作“修身齐家治国平天下”，把起点个人身心的完美与终点治理天下的宏伟理想完全整合在一起，而茶在这当中就起到了非常重要的亲和关系。

中国的主流传统文化有一个极为重要的概念：德。何为德?《正韵》说：“凡言德者，善美正大光明纯懿之称也。”德行的修养是人们事业成功的保证，也是趋吉避凶的法宝。

德在儒家眼里，也是寿的意思，所以有“仁者寿”之说。“反身修德”是《周易》哲学思想的精华，中医养生承袭了《周易》重德的哲学思想，提出了“德全不危”的养生观。这是说，道德高尚的人虚怀若谷，宽宏大量，心地善良，为人正派，故能心安不惧，心广体舒。鲁哀公曾向孔子请教，智者寿乎？仁者寿乎？孔子回答说，智者仁者皆可以致寿。你看看这世上之人，凡气质温和者寿，质之慈良者寿，量之宽宏者寿，貌之重厚者寿，言之检点者寿。那是因为，温和、慈良、宽宏、重厚、检点，都是仁的表现。其寿之长，决非猛厉、残忍、偏狭、轻薄、燥浮者之所能及。

遵循德的标准，唐代刘贞亮提出了“茶十德”：“以茶散郁气，以茶驱睡气，

以茶养生气，以茶除病气，以茶利礼仁，以茶表敬意，以茶尝滋味，以茶养身体，以茶可行道，以茶可雅志。”这十德中有七德把身体的感觉与健康结合在一起。

（二）茶禅一味

在茶禅一味之中，渗透着中医文化的精神。佛教认为人生是苦，人心是苦，而茶味也是苦的。茶在精神上配得上修行的僧人饮用。茶禅一味中，其实很关键的是讲人对现世生活欲望的节制。打坐是对睡眠的节制，故晋张华的《博物志》有“饮真茶，令人少眠”的说法；禁欲是对色的节制；过午不食是对美食的节制；佛教思想对人性欲望是有很清醒的认识的，并且也有控制这种欲望的途径，就是通过身体的修炼来达到灵魂的完善。所以茶禅也是通过身体达到心灵的一种方式。茶最早从僧人喝茶开始，茶的三种效果——不睡、禁欲、消食，无一不和身体的协调有关。

（三）茶怡天年

中国茶文化的精神资源，其重要的一脉来自于中国道家思想。古人云“医道同源”，道教是与中医药学关系最为密切的一种宗教，具有浓郁的民族特色和深厚的文化基础。道家、道教思想是对中医药学发展影响最大的思想体系，是中医药学的理论基础之一。道家、道教的道、太极、八卦，阴阳、五行，三宝（精气神），九守，十三虚无等，如今已成为中医学、药学的重要组成部分，中医的阴阳学说、养生学说、经络学说等都在很大程度上得益于道家和道教的理论和实践。

道家把人放在宇宙中总体认识，主张人要顺应自然，《黄帝内经》的作者根据自然界“春生、夏长、秋收、冬藏”的自然变化规律，提出“四气调神”的具体措施，而“四气调神”的目的又在于保持阳气的充沛。人体阳气充沛，则生机活泼，精神焕发，就能达到预防疾病健康长寿的目的。上古真人、至人、圣人、贤人四类养生家便是实践了“智者之养生，必顺四时而适寒暑”的诺言，故能提携天地，把握阴阳、处天地之和而不危。中医养生注重内因，真气的保养是人体健康的重要标志。所以《黄帝内经》主张“恬淡虚无，真气从之，精神内守，病安从来。”

道家讲究养生乐生，在这个地球上无限期地活下去是他们的终极目的之一。道教认为，人们可以通过修炼达到长生不老、青春永驻的境界，这就是所谓的“神仙之道”。仙道是我国特有的文化现象，要得道成仙，就得有得道的途径，所以道家是身体力行的，炼外丹炼内丹。外丹就是用鼎炉炼丹，内丹就是以人体当丹炉，吐故纳新练气功。

无独有偶，饮茶也是需要火的，制茶需要火，煮茶需要火，鼎，就成了道人与茶人都须臾不可离开的道器，道人与茶人也往往合二为一。

道家们推崇茶，是把茶作为得道成仙的药，轻身换骨羽化的一剂汤来认识的。壶居士在《食忌》中曾说：“苦茶，久食羽化。”陶弘景在《杂录》中则说：“苦茶轻身换骨，昔丹丘子、黄山君服之。”

我们从中国古代的一系列民间传说和宗教故事中得知，天是最神圣美好的地方，是人类的终极目标。道家主张肉身飞天，就是凡人得道后直接从地上升天，实际上，这是一种变相地热爱现世生活的精神的态度。这样一种乐生精神被中国茶文化吸收，中国茶人精神中深刻地包含着热爱现世生活、以此生的快乐为目的的不同佛教价值观的基本生活态度，由此产生的养生观，也和茶须臾不分开。

三、中国古代文献中的茶之药理

我们从一首著名的诗入手，来了解茶的药理性。北宋苏东坡在杭州任太守之时，有一天身体不适，但他游湖一天，每到一寺便坐下饮茶，病竟然好了，于时留下了《游诸佛舍，一日饮酽茶七盏，戏书勤师壁》一诗："示病维摩元不病，在家灵运已忘家。何须魏帝一丸药，且尽卢仝七碗茶。"苏东坡对诗作了自注："是日，净慈、南屏、惠昭、小昭庆及此，凡饮已七碗。"他一路喝过去，远远不止七碗茶，而且喝的酽茶，就是浓茶。诗中说的是自己治病哪里需要魏文帝的仙丹啊，只要能够喝下卢仝的七碗茶就够了。

苏东坡的这首诗往往作为茶与药之间的关系被一再引用。而我们从茶叶史的发生、发展来看，人类与茶的关系，正是从药用、食用、饮用进入品饮的。茶起初就是药。这种药理功能一直伴随着人类的品饮，直到今天，不但没有减弱，反而在全球化的语境上，作为一种绿色植物的环保概念，更为发扬光大。历史上有太多的文献与重要药典皆明确记载茶是良好的天然保健饮料，如我国重要药学图书《本草纲目》《千金要方》《医方集论》《摄生众妙方》《华佗食论》《家白馆垩[1]志》等。

《本草》"木部"中说："茗，苦荼，味甘苦，微寒，无毒，主瘘疮，利小便，去痰渴热，令人少睡。秋采之苦，主下气消食。注云：春采之。"《神农食经》说："茶茗久服，令人有力、悦志"。三国华佗的《食论》说："苦荼久食，益意思"，是茶叶药理功效的第一次记述。陆羽的《茶经》，认为茶可以治六类疾病，它们分别是热渴、凝闷、脑疼、目涩、四肢烦、百节不舒。唐代著名药学家陈藏器于《本草拾遗》说："诸药为各病之药，茶为万病之药"。宋代钱易的《南部新书》则以为饮茶可使人长寿。而明代的钱椿年则在他的《茶谱》上，与《茶经》的六大功效之外，又增加了六种，分别是消食、除痰、少睡、利水道、益思、去腻。其余各类药书中，提到茶的功能，还包括醒酒、浅肥、轻身、去毒、防暑等。在日本被尊称为"茶祖"的荣西禅师在其所著的《吃茶养生记》中开章即明言："茶也，养生之仙药也，延龄之妙术也。"

我们从中国古代中药学的集大成专著《本草纲目》中可以看到较为全面与权威的传统茶之药理诠释：茶苦而寒，阴中之阴，沉也，降也，最能降火。火为百病，

① 垩（è）：用白垩涂饰。

火降则上清矣。然火有五火，在虚实。若少壮胃健之人，心肺脾胃之火多盛，故与茶相宜。温饮则火因寒气而下降，热饮则茶借火气而升散，又兼解酒食之毒，使人神思恺爽，不昏不睡，此茶之功也。

《本草纲目》共综合了茶的八项效理功能，它们分别是：瘘疮、利小便、去痰热、止渴、令人少睡、有力、悦志（引自《神农食经》）；下气消食，作饮，加茱萸、葱、姜良（引苏恭语）；破热气，除瘴气，利大小肠（引陈藏器语）；清头目，治中风昏愦，多睡不醒（引王好古语）；治伤暑，合醋治泄痢，甚效（引陈承语）；炒煎饮，治热毒赤白痢；同芎䓖[①]、葱白煎饮、止头痛（引吴瑞语）；煎浓，吐风热痰涎（引李时珍语）；饮食后浓茶漱口，既去烦腻，而脾胃不知，且苦能坚齿消蠹[②]（引苏东坡语）。

林乾良教授于20世纪80年代查阅了500多种文献，引用了历代典籍92种（其中茶书11种、药书28种、医书23种、经史子集30种），将茶的传统功效归纳为24项：少睡、消食、去肥腻、止渴生津、祛风解表、延年益寿、明目、清头目、安神、清热、消暑、去痰、治心痛、解毒、醒酒、益气力、疗肌、坚齿、下气、利水、通便、疗疮治瘘、治痢和其他。

四、茶的化学成分

人们现在已从茶中发现了超过1400种化学成分，其中与健康关系最密切的主要化学物质有茶多酚类化合物、氨基酸、茶多糖、咖啡因、矿质元素和微量元素等。

（一）茶多酚

茶多酚是茶叶中多酚类物质的总称。这是茶叶中一类主要的化学成分。它含量高、分布广、变化大，与茶树的生长发育、新陈代谢关系密切，对品质的影响最显著，是茶叶生物化学研究是广泛、最深入的一类物质。

茶叶中的多酚类物质，又称茶鞣质（或茶单宁）。因其在大部分能溶于水，所

① 䓖（qióng）：即旋花。一种多年生的蔓草。地下茎可蒸食，有甘味，今用来酿酒和入药。
② 蠹（dù）：蛀蚀器物的虫子。

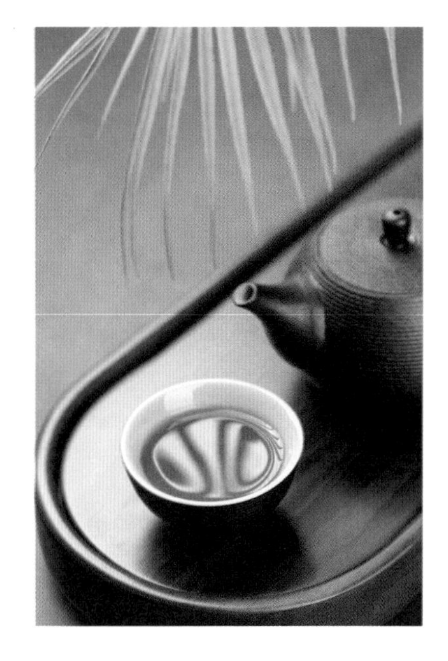

以又称水溶性鞣质。它是由黄烷醇类（儿茶素类）、黄酮类和黄酮醇类、花青素类和4-羟基黄烷醇类（花白素类）、酚酸和缩酚酸类所组成的一群复合体。其中以黄烷醇类物质（儿茶素）为主要成分。红茶、乌龙茶、普洱茶等半发酵、发酵茶中，大多数茶多酚被氧化、二聚化形成茶黄素并聚合形成茶红素、茶褐素。此外还存在表没食子儿茶素酯、二聚原花青素、槲皮素、山柰酚和杨梅素等少量其他多酚、黄酮及其衍生物。酚类化合物对茶汤感官特征具有关键作用外，还能清除自由基、增加白细胞的数量、提高对外来感染的防御，此外还具有延缓衰老、降血糖、降血压、抗高血脂、抗过敏、抗氧化、抗病毒、防肥胖、清除口臭、灭菌和防癌、抗炎、抗辐射等保健功效。

（二）茶多糖

茶多糖是茶叶中具有生物活性的复合多糖，是一类与蛋白质结合在一起的酸性多糖或酸性糖蛋白。由糖类、果胶和蛋白质等组成，并结合有大量的矿质元素。其中，糖的部分主要由阿拉伯糖、葡萄糖、半乳糖、木糖、岩藻糖等组成，蛋白质部分主要由20种左右常见的氨基酸组成，矿质元素主要由铁、钙、镁、锰等，以及少量的微量元素，如稀土元素等组成。茶多糖具有多种生理活性，如护肝、降压、降糖、减脂、抗辐射、防癌变、抗衰老、抗血栓、抗氧化、抗动脉粥样硬化、改善机体免疫功能等，是茶叶中极具开发价值的一种生理活性物质，在医药和食品方面有广阔的研发前景。

（三）生物碱

茶叶中的生物咖啡因以嘌呤类生物碱为主，是茶叶中非常重要的一个次生代谢产物，茶叶中嘌呤碱主要有咖啡因（caffeine，占茶叶干重的2%~5%，是茶叶中的特征性成分之一）、可可碱（theobromine，0.05%）、茶叶碱（theophylline，0.002%），它们均为黄嘌呤的甲基衍生物。

咖啡因是茶叶中最主要的化学成分之一，正是由于它的提神作用，红茶才能在西方备受推崇。曾经有人认为咖啡因对人体有害，这曾引起一段时间的争论。但大量的现代研究表明，没有足够证据证明咖啡因对人体有害，相反还证明咖啡因具有增强茶多酚抗癌效果的作用。

（四）氨基酸

茶叶中已被发现的氨基酸有26种，其总量一般占茶叶干重的2%～4%。茶氨酸是茶叶中含量最多、也是茶树特有的游离氨基酸，占氨基酸总量的70%。茶氨酸与绿茶的品质呈正相关。目前已证实茶氨酸具有显著提高机体免疫力、抵御病毒侵袭，镇静、抗焦虑、抗抑郁，增强记忆、增进智力，有效改善女性经前综合征（PMS）、有效增强肝脏排毒等的作用，还有抑制咖啡因引起的神经系统兴奋、抗癌、提高人体免疫等功能和预防神经性退化疾病等功效，其开发利用前景广阔。

（五）维生素和矿物质等

此外，茶叶中还富含维生素C和维生素B，尤其是维生素C的含量非常丰富，可与柠檬相媲美。所以在中国边陲缺乏新鲜蔬菜水果的少数民族地区，人们通过饮茶来获得生素C的来源，因而在这些地方，有“宁可三日无粮，不可一日无茶”的说法。茶中维生素C在神经元分化、成熟、髓鞘形成和胆碱能、儿茶酚能和谷氨酸能系统的调节中起作用。流行病学研究表明，认知功能良好人群的血维生素C水平更高，同样维生素C缺乏会加速脑中淀粉样蛋白的沉积。茶叶中还富含磷、钾、锰、氟、硒等元素。

五、茶的健康功能

（一）有助于抗衰老

随着全球老龄化的加剧和生命科学的发展，茶叶抗衰老研究取得了一系列新的进展。以秀丽线虫、果蝇、小鼠、大鼠等为研究对象，分别用普洱茶、红茶和绿茶进行干预，与对照组相比较，平均寿命及最长寿命均显著延长。此外，进行流行病学研究对人类饮茶和寿命的相关性研究也发现饮茶有利于延长寿命。

1. 茶提取物动物研究

茶多酚主要包括表没食子儿茶素没食子酸酯（EGCG）、表儿茶素没食子酸酯（ECG）、表没食子儿茶素（EGC）与表儿茶素（EC）。这些化合物在不同的动物模型中均表现出良好的抗衰老作用。在秀丽线虫模型中，儿茶素EC和EGCG干预均可以使平均寿命显著延长，在胡桃醌氧化胁迫条件下EGCG干预可以使其平均寿命延长172.9%。在野生型雄性果蝇模型中，EGCG干预可以使平均寿命和中值位寿命分别延长3.3天和4.3天。在健康小鼠模型中，模拟人类喝茶的方式每天喂食25毫克/千克EGCG可以使其中位值寿命延长13.5%。在糖尿病小鼠模型中，持续15周每日摄入0.25% EC，与对照组相比存活率提高了41.6%，而且对衰老相关指标（肝脏抗氧化剂谷胱甘肽浓度、系统炎症标志物、总超氧化物歧化酶活力和血清低密度胆固醇含量）等均有所改善。

黄酮类化合物主要包括杨梅素、山柰酚、槲皮素及其糖苷类化合物。在秀丽线虫模型中，槲皮素、杨梅素、山柰酚干预可以分别使平均寿命延长15%、18%和5.9%，在过氧化氢的氧化胁迫条件下槲皮素干预可使其平均寿命延长21%。

酚酸是一类分子中具有羧基和羟基的芳香族化合物，茶叶中主要含有没食子酸、绿原酸、咖啡酸与鞣花酸。这些酚酸类化合物分别干预秀丽线虫，可使其平均寿命分别延长10%、20%、11%与10%。其中，没食子酸和鞣花酸能够延长秀丽线虫寿命，主要取决于其抗菌作用，而绿原酸和咖啡酸抗衰老活性则与抗菌作用无关。

咖啡因与茶氨酸在动物模型中也表现出抗衰老作用。在秀丽线虫模型中，咖啡因从幼虫开始干预可以使平均寿命延长约50%，茶氨酸从成虫期干预可以使平均寿命和最大寿命分别延长约3.6%和3.2%。在意大利蜜蜂食物中加入咖啡因可增加其体内抗氧化酶活力，改善总DNA甲基化水平，使其不易受到鼻毛虫感染，延长寿命。处于空间隔离状态下的雄性小鼠在其日常饮用水中加入茶氨酸可降低大脑皮层氧化损伤水平，抑制肾上腺肥大，提高存活率。

2. 茶叶抗衰老作用的流行病学研究

大多数流行病学研究指出，饮茶作为日常饮食习惯能预防老龄化疾病或者延缓发病速度，如与衰老相关的心血管疾病、Ⅱ型糖尿病与神经退行性疾病等。日本的一项研究征集了921505名男性，分为两组，为期12周每天摄入540～580毫克绿茶饮料，发现持续饮用绿茶可以减少腹部脂肪，改善代谢综合征。

中国江苏苏州市针对4579名年龄在60岁及以上的老年人进行茶叶消费量与血压的一项横断面研究发现，日常生活中长期习惯性饮茶与高血压发病率呈负相关。有研究追踪22名健康男性发现，两周内减少摄入富含多酚的食物（包括茶），会使血浆一氧化氮的浓度降低，不利于血管健康。伊朗有关营养摄入量与血清钙磷水平关系的研究发现，茶摄入量与血液钙磷比呈负相关，有助于防治血脂异常和高血压。

针对822名92岁以上汉族老年人进行的人群数据分析显示，基于个体的遗传特征条件下，饮茶作为日常饮食中特定的营养干预措施，能够降低人类衰老过程中的认知功能障碍风险。Tze-Pin等对2501位55岁的新加坡华人老人进行1～2年的跟踪调查发现，长期习惯性饮茶与认知障碍风险呈负相关。

有流行病学研究认为，短期内少量饮茶不会影响人体老年疾病的代谢指标，需要坚持饮茶。一项关于肠道微生物代谢产物的研究表明，人类短期（实验周期5d）摄入黄烷醇类化合物不会降低三甲胺*N*-氧化物的水平，对心血管疾病和胰岛素抵抗相关的健康问题影响不显著。Li等对10项研究重新进行元分析（Meta分析）发现，需要持续8周以上饮用茶叶提取物才可能改善部分Ⅱ型糖尿病的相关指标。

（二）有助于辅助防治肿瘤

茶叶及其主要的功能成分还可以改善或预防人类衰老过程中伴随的老龄化疾病。根据国内外文献报道，茶多酚具有较好的抗肿瘤作用，能够有效地降低肺癌、肠癌、前列腺癌、乳腺癌和肝癌的发生率，并能够抑制肿瘤发展，目前认为茶多酚的抗肿瘤作用机制可以概括为以下5个途径：抗氧化作用；对致癌过程中关键酶的调控；阻断信息传递；抗血管形成；细胞凋亡作用。Helieh等发现，茶多酚和其衍生物可以起到预防和治疗恶性肿瘤。李淑红等通过对Lewis肺癌小鼠的实验，观察到茶多酚可显著降低荷瘤小鼠血清脂质过氧化物含量，提高超氧化物歧化酶和谷胱甘肽过氧化物酶的活力，具有抗癌作用。

茶黄素可以降低小鼠体内重金属含量，缓解重金属对小鼠基因的破坏，减少小鼠骨髓细胞染色体畸变和姐妹染色单体互换的概率；可上调DNA修复基因，同时下调DNA损伤相关基因，减少小鼠皮肤细胞的DNA损伤；还可以通过调节细胞的相关通路来调节细胞的增殖、转化以及凋亡等进程，调节蛋白的表达，降低环氧合酶和诱导型一氧化氮合酶等酶的表达水平等多种途径减少动物组织癌变概率。例如，茶黄素可以抑制多种癌细胞的增殖，如人肝癌细胞、胃癌细胞、乳腺癌细胞、结肠癌细胞、前列腺癌细胞、食管癌细胞、表皮样癌和黑色素瘤细胞等。

L-茶氨酸可通过促进肿瘤细胞凋亡、调节抗癌药的体内分布水平起到抗癌的辅助作用；还能通过抗氧化作用对多个器官起到保护作用，包括治疗过程中降低药物对机体的损伤。研究发现，L-茶氨酸在体内和体外都能抑制肺癌和白血病细胞的生长，还可以诱导乳腺癌、结肠癌、肝癌和前列腺癌细胞凋亡。L-茶氨酸能增加阿霉素在肿瘤细胞中的浓度，使其抗肿瘤活性提高，降低癌细胞对药物的耐药性，还可以阻碍卵巢肉瘤细胞向肝部转移。

茶多糖的抗癌、抗肿瘤活性主要通过激活机体免疫系统和提高机体免疫功能来增强抗肿瘤能力。寇小红从炒青绿茶中提取的粗多糖对小鼠巨噬细胞系有显著免疫活性。夏道宗等发现安吉白茶多糖在体外能显著抑制S180细胞的生长，并且具有明显的剂量依赖效应；在体内，安吉白茶多糖可使荷S180实体瘤小鼠腹腔巨噬细胞吞噬能力显著升高。Liu等研究结果表明，茶多糖能够通过平衡细胞微环境，显著降低肿瘤发生率和肿瘤大小，并显著抑制促炎细胞的浸润和促炎细胞因子的分泌。绿茶多糖抑制肿瘤生长的具体机理为促进巨噬细胞、淋巴细胞和自然杀伤细胞的成熟、分化和繁殖，产生各种细胞因子，使肿瘤细胞的生长受到抑制或引起肿瘤细胞的凋亡。

（三）有助于调节三高，辅助防治代谢疾病

茶叶提取物能显著降低体脂和内脏脂肪含量，有效降低血浆胆固醇水平和血压，同时提高胰岛素敏感性。茶叶主要功能成分可降低血清和心肌中溶酶体酶的活力，调节体内抗氧化酶活力，促进冠状动脉血液流动，改善心脏功能。还可以调节胃肠道微生物使高脂血症、糖尿病患者获益。茶在降血压、降血脂、降血糖以及防治相关的代谢疾病中具有良好表现。

1. 有助于调节血压

大量流行病学研究证明茶对高血压病有预防作用。经常饮用约1.5克红茶冲泡出的饮品使收缩压和舒张压均有2～3毫米汞柱的降低，其机制是红茶可以改善内皮功能，茶黄素可以调节一氧化氮并降低血浆内皮素-1的水平，从而降低血压。同时红茶可以影响夜间血压的变化速度，减少餐后瞬时血压变化，从而预防心脑血管疾病发作。绿茶也有降压作用，绿茶中抗高血压成分主要为EGCG；同时绿茶改善了以交感神经兴奋为特征的高血压模型的心血管功能。

在瑞士，普通人群每增加1倍的咖啡因摄入，24小时和夜间心血管收缩压分别下降0.642毫米和1.107毫米汞柱。一方面，咖啡因能够改善微血管的性能，如扩张血管、增强血管壁的弹性和致密性，从而保持血压的稳定。另一方面，咖啡因具有利尿、排钠作用也可间接降低血压。目前，关于咖啡因对血压的影响存在争议，咖啡因对血压的急性和慢性影响可能不同。Guessous等研究发现短期的咖啡因摄入可能增高血压，然而长期的咖啡因摄入可能有助于降低血压。

茶氨酸对神经递质释放的调节作用也可以特异性地调节高血压病。L-茶氨酸可以通过激活细胞外信号调节激酶/内皮型一氧化氮合酶和扩张与之相关的动脉血管，来促进NO的产生，从而调节血管功能。此外，研究发现L-茶氨酸与EGCG混合给药可引起血管平滑肌细胞松弛。还有研究人员指出，L-茶氨酸增加了枕叶和顶叶皮质的α波的活性并产生松弛血管作用，这也可能导致血压下降。近期有一项实验通过RNA测序的分析，显示L-茶氨酸可以调节细胞转录节律，降低冠心病发病概率。

2. 有助于调节血糖，辅助防治肥胖和糖尿病

许多疾病相互关联，且和饮食均衡有密不可分的关系。例如，肥胖症是一种复

杂的疾病，通常伴有胰岛素抵抗、氧化应激和炎症标志物表达增加，导致体内脂肪量增加。肥胖导致代谢紊乱发展继而可能成为糖尿病，而肥胖和糖尿病都是血管性认知障碍和脑卒中的重要危险因素。

现代研究表明，绿茶、红茶、乌龙茶都有降糖作用，乌龙茶可降血糖，绿茶可提高胰岛素敏感性，红茶可降低糖化血红蛋白。绿茶富含丰富的儿茶酚通过许多细胞信号传导途径调节胰岛素作用、脂肪沉积、胰岛素释放和葡萄糖摄取，从而达到抵抗肥胖和糖尿病作用；红茶的茶黄素升高胰岛素水平。茶中的黄酮类也可以抵抗肥胖和糖尿病。

口服L–茶氨酸后机体能将其迅速吸收，可促进造血干细胞增殖和更高的葡萄糖代谢，血浆中乙胺和谷氨酸含量增加，Ⅱ型糖尿病的发病风险降低，还能促进运动后体力恢复。

国内外研究发现茶多糖具有显著的降低血糖的作用，钟灵等的研究结果表明，恩施绿茶茶多糖能明显降低糖尿病大鼠血糖，增强超氧化物歧化酶、谷胱甘肽过氧化物酶、肝葡萄糖激酶的活力，降低血清中丙二醛的含量，升高脾脏、胸腺系数，具有降血糖、抗氧化和增强机体免疫功能的作用。Wang等研究表明，绿茶中的一种水溶性茶多糖在高葡萄糖水平时能够显著增加胰岛素分泌，从而起到良好的抗糖尿病的作用。

总体来说，茶对肥胖症和糖尿病的作用机制主要有减轻氧化应激、抑制α–淀粉酶和α–葡糖苷酶活力、改善内皮功能、调节细胞因子表达、改善胰岛素抵抗、改善受损β细胞的功能、调节糖代谢等。

3. 有助于调节血脂，辅助防治心脑血管疾病

高脂血症患者体内总胆固醇、三酰甘油过高，或高密度脂蛋白胆固醇过低，动脉粥样硬化发生与血浆脂质关系密切，流行病学研究表明乌龙茶有强大的降脂作用，绿茶也可以降血脂。前瞻性交叉双盲实验证实，绿茶和乌龙茶可显著降低体重、脂肪和身体质量指数（BMI）、脂质过氧化以及血脂指标水平，乌龙茶有着更优异的降脂作用。

茶多酚可以通过抗氧化、调脂及抗炎等作用抗动脉粥样硬化，能减轻肝细胞水肿和脂肪浸润，具有良好的降脂和抗脂肪肝作用。儿茶酚可以减少脂质和蛋白质在

肠道的吸收，从而减少热量的摄入。由茶多酚可以减少糖异生和脂肪酸合成，增加糖代谢，从而达到减重、降脂、降糖的功效。

口服L-茶氨酸可改变激素水平、大脑中的多巴胺和5-羟色胺的神经传递水平，抑制大鼠的食物摄入。此外，L-茶氨酸能减少低密度脂蛋白的氧化，降低诱发动脉粥样硬化的风险。茶氨酸混合制剂抑制肝癌诱导的内源性高脂血症，血清胆固醇和甘油三酯水平明显受到抑制。

咖啡因和低卡膳食可有效地降低甘油三酯和胆固醇水平，具有降血脂和防治相关疾病的作用。机理主要包括降低脂肪生成相关基因的mRNA水平，增加负责脂质吸收和分解代谢的mRNA水平，抑制脂肪生成、刺激脂肪分解等。

绿茶多糖可显著清除多种自由基，从而阻断自由基反应链，增强血浆及脂蛋白抗氧化能力，明显降低血浆极低密度脂蛋白胆固醇、低密度脂蛋白胆固醇过氧化脂质水平，起到预防心血管疾病和延缓衰老的作用。

（四）抗炎抗氧化，有助于提高免疫力

茶多酚具有较强的抗氧化活性，是一类含有多酚羟基的化学物质，结构中的羟基可提供活泼的氢从而使自由基灭活。其抗氧化特性可以通过以下4种途径实现：直接清除活性氧自由基；抑制脂质过氧化反应；诱导氧化的过渡金属离子络合；激活细胞内抗氧化防御系统。

同时，茶多酚具有较好的消炎抗感染活性，对炎症有很好疗效。Di Paola等发现茶多酚能够治疗急性炎症引起的肺损伤，组织中性粒细胞的渗透物、亚硝酸盐、肿瘤坏死因子-α显著减少。Relja等研究表明茶多酚能防治急性炎症模型中大鼠的肝损伤。

而且，茶多酚具有天然、低毒、高效的抗病毒作用，能够抵抗流感病毒、轮状病毒和牛冠状病毒、人免疫缺陷病毒（HIV）、腺病毒、人类疱疹（EB）病毒和人乳头状瘤病毒（HPV）等致病微生物。此外，茶多酚可通过抗氧化作用起到解毒作用。

L-茶氨酸能提高脾脏的重量，降低血清皮质酮水平，调节细胞因子的平衡，增加血清中干扰素-γ的水平以及提升多巴胺和5-羟色胺在脑垂体和海马体中的含量，提高免疫力，降低病毒感染风险。研究人员在老龄小鼠模型感染流感病毒后，采用

L–茶氨酸和半胱氨酸联合治疗，肺病毒浓度明显降低，且血清抗原特异性免疫球蛋白M和免疫球蛋白G水平明显升高，还防止了动物因病毒感染而引起的体重下降。

此外，L–茶氨酸对人体感染流感和普通感冒都有预防的积极作用。在一项研究中，受试者分别服用5个月的儿茶素和L–茶氨酸，临床证他们的流感感染率降低近70%。在另一项研究中，176名男性受试者连续35天服用安慰剂或L–半胱氨酸和L–茶氨酸混合胶囊，发现两组的病期相同时，服用混合胶囊组的受试者普通感冒发病率较低。

茶多糖不仅能清除自由基，而且可激活免疫细胞，如T/B淋巴细胞、巨噬细胞和自然杀伤细胞，对免疫系统发挥调节性作用，从而提高机体免疫作用和延缓衰老。

（五）改善情绪和认知能力

1. 改善认知表现

绿茶对工作记忆有明显的改善作用。Borgwardt等使用功能磁共振技术对饮用绿茶提取物之后的大脑状态进行研究，发现绿茶提取物提高被试在工作记忆任务中的表现，脑区背外侧前额叶皮层激活显著增强，右侧顶叶与额中回的连接增强。

L–茶氨酸对认知功能具有积极作用。其促进细胞增殖和随后的神经元分化，影响信号通路、调节激素水平、减少氧化损伤等产生保护和预防作用，直接间接地改善识别记忆；还可以逆转由慢性束缚应激反应引起的认知障碍和氧化损伤；甚至有研究以茶氨酸为重点研究对象为阿尔茨海默病的治疗寻找突破口，发现线粒体形态得到改善，小鼠记忆力有不同程度的恢复。在一些成年人压力相关症状和认知功能的考察中发现，服用L–茶氨酸后，语言流畅性和执行功能得分与安慰剂组相比都有所提高；服用高浓度L–茶氨酸绿茶粉组的志愿者认知功能下降明显低于安慰剂组。

L–茶氨酸在大脑中起到的神经保护作用，不仅体现在认知功能方面，有研究表明在神经相关的其他的疾病中L–茶氨酸也可作为一种神经保护剂。机制可能与L–茶氨酸抑制创伤后氧化损伤、神经炎症和细胞凋亡有关。研究表明，茶氨酸可抵消咖啡因引起的中枢神经兴奋，起到抗惊厥作用；抵消铝对大鼠大脑造成的损伤；保护脑缺血再灌注引发的损伤。当L–茶氨酸与褪黑激素联合使用时，可防止癫痫发作。

咖啡因具有抑制运动学习能力、提升注意力、提高警觉性和精确度的作用。在Mclellan等的研究中，随着咖啡因剂量的升高，警觉性、警惕、注意力和反应速度明显改善，但记忆和判断、决策等高级执行功能没有得到一致改变。

L-茶氨酸与咖啡因混合对认知能力的影响具有更积极的效果，能够降低对干扰信息的敏感度、增强任务注意力、缩短反应时间，提高快速视觉信息处理速度，提高准确率，但警觉和多感官注意并没有明显改变。

2. 舒缓情绪

对中国、韩国、日本等国的大量调查发现，饮茶可降低老年人情绪病症的发病率。茶中的多种有益成分可抗抑郁、减少焦虑。γ-氨基丁酸可以改善绝望环境中小鼠的压力和抑郁；L-茶氨酸能增强前脉冲抑制和感觉门控，减少紧张和焦虑，有改善情绪和睡眠的作用；茶多酚通过改变神经递质应答与抗氧化保护作用而产生抗抑郁作用；红茶中的茶黄素具有比其他多酚更强的抗炎作用，实验证明茶黄素可预防小鼠空间记忆受损和抑郁样行为，还抑制炎性细胞因子的产生，并防止大脑中的树突萎缩和脊柱损失。

3. 有助于辅助防治认知功能障碍疾病

饮用绿茶能够降低老年人认知功能退化，并且与日常饮茶量具有相关性。长期饮用绿茶的老年人在记忆、执行功能、信息处理速度方面具有更好的表现，这在Kuriya-ma等研究中得到证实。在Park等的研究中轻度认知障碍患者每天2次食用绿茶提取物，16周后口头和视觉空间记忆以及注意得到增强。唐氏综合征患者接受EGCG处理12周后，其视觉记忆识别和社交能力得到明显提高。长期使用含L-茶氨酸的药物能够有效缓解精神分裂症患者的焦虑情绪；可以通过直接地促进神经因子的发生和间接地抗氧化等保护作用，改善认知功能，有利于阿尔茨海默症的治疗。虽然多数研究证明绿茶对认知具有积极作用，但也有少数研究认为绿茶对认知没有影响。

大量流行病学研究证明，茶可以预防脑卒中。对全球194965名个体中涉及4378例脑卒中的9项研究数据的多元统计分析表明，每天饮用不低于3杯绿茶或红茶者比每天饮用1杯者的人脑卒中风险低21%。此外，我国的一项中老年人前瞻性研究，男性、女性各纳入61491名和74941名，分别随访8.2年和14.2年，结果显示，绿茶与心血管疾病死亡率呈负相关，其机制主要与饮茶对血脂、血糖、血压、情绪等的有益作用密不可分。

同时，绿茶可以促进脑卒中后神经元再生和神经功能恢复。研究表明饮茶可以预防脑卒中后认知障碍。绿茶可预防由缺血性和出血性脑损伤引起的辨别力缺失、记忆障碍以及海马氧化应激；对脑卒中后抑郁小鼠模型的研究表明，绿茶EGCG可抗抑郁并促进正常社交行为的恢复。

在健康人群中，L-茶氨酸能够增强枕叶、顶叶、额叶的α波活动，在对轻度认知障碍患者的治疗中，L-茶氨酸显著增强了θ波在颞叶、额叶、顶叶和枕叶的活动，患者认知警觉性提高。此外，茶叶主要功能成分还能与神经退行性疾病相关的信号蛋白特异性结合，防止神经元中蛋白质异常聚集物累积。

（六）其他

与此同时，茶在美体护肤、防衰去皱、清除褐斑、预防粉刺、防止水肿和抗过敏、干预睡眠呼吸暂停综合征（如打呼噜）等方面的作用也越来越被关注和研究。

综上，难怪唐代大医学家陈藏器在《本草拾遗》书中说："诸药为各病之药，茶为万病之药。"我们也常道"酒为药之引"，如此，以茶入酒制备茶酒，从功能复配上而言，值得深入研究。

第三节 茶酒与健康

特殊的工艺使茶酒兼具了茶叶和白酒的双重特色，由于茶原料和制酒工艺的不同形成了各种风格的茶酒。除了富含茶多酚、茶多糖、咖啡因、维生素、氨基酸、矿物质等对人体具有保健作用的活性功能及营养成分外，茶酒还同时具有白酒和茶叶的特征香味成分，形成了在感官上具有茶的清香与酒的醇柔，集营养、保健于一体的传统的天然保健酒，其风味优雅，口感柔和。

一、茶酒的组成

茶酒，顾名思义，离不开茶，自然也少不了茶中的营养成分和保健成分，如茶多酚、茶多糖、茶色素、咖啡因、维生素、氨基酸等。茶叶中富含的多种营养物质在茶酒加工过程中溶入茶酒酒体中，使茶酒具有很好的营养作用；而茶叶含有的多种活性功能成分，茶多酚、咖啡因、茶多糖等，均可在茶酒中被大量检出，这些物质可对预防多种疾病有一定作用，在防治心血管疾病、抗氧化、抗癌变等方面都有效果。随着技术发展，对茶酒中成分分析更加清晰，高效液相色谱法（HPLC）和气相色谱-质谱联用（GC-MS）分析等技术用于茶酒成分分析，可以详细了解其功能性成分和风味物质及其来源。

（一）功能成分

近年来，大量研究表明，由于特殊生产工艺，使茶酒富含多种活性功能及营养成分，如茶多酚、茶多糖、咖啡因、维生素、氨基酸、矿物质等。茶酒在发酵过程中，多酚物质与发酵温度、蔗糖添加量呈负相关，儿茶素含量与羟基清除活性呈正相关，在酸性条件下发酵茶酒，多酚物质与pH呈正相关性，pH在4~4.5时，酵母菌的发酵能力较强，产生多糖能力较强。

谌永前等研究了工艺条件对配制型茶酒中茶多酚含量的影响，不同溶剂、不同品种茶叶与原酒的比例、不同酒精度等试验条件对配制型茶酒中茶多酚含量均有不同程度的影响，从而影响茶酒的品质，酒的度数高、茶叶用量大、多搅拌有利于茶多酚的浸出；张凌云等从浸提温度和发酵温度对茶酒中活性功能成分影响的角度进行试验，研究表明，随浸提温度升高，茶多酚、氨基酸浸提含量升高，而茶多糖、儿茶素、咖啡因变化不大；随着发酵温度升高，茶多酚含量会降低，氨基酸含量升高，茶多糖、儿茶素和咖啡因则变化不大。

已有研究也对茶酒中儿茶素含量进行了分析。邱新平等利用高效液相色谱法分析表明一种茶酒中含有7种儿茶素；此外，茶酒还含有茶多糖、生物碱（咖啡因、可可碱、茶叶碱）、蛋白质、氨基酸、微量元素等，这些物质对人体健康均有其各自不同的意义。

茶酒中也内含丰富的氨基酸成分。醴泉茶酒中共检测出20种游离氨基酸，总量为12.44微克/毫升，含量较高的是精氨酸、蛋氨酸和赖氨酸。几乎所有氨基酸都有滋味，而氨基酸的组成和含量会影响茶酒的滋味。其中，茶酒中苦味游离氨基酸（组氨酸、精氨酸、酪氨酸、缬氨酸、蛋氨酸、色氨酸、苯丙氨酸、异亮氨酸、亮氨酸、赖氨酸）为7.53微克/毫升，甜味游离氨基酸（丝氨酸、甘氨酸、苏氨酸、丙氨酸）为2.38微克/毫升，鲜味氨基酸（天门冬氨酸、谷氨酸、茶氨酸）为1.77微克/毫升。茶酒中除了含有人体所需要的18种氨基酸，还含有茶氨酸和γ–氨基丁酸。

张士康研究团队对市场上不同茶叶原料、不同酒精度（7%~52%vol）、不同类别的22款茶酒进行理化成分分析，茶叶原料包括红茶、绿茶、乌龙茶、普洱茶、黄茶、鲜叶、茶浓缩汁等。结果表明，22款茶酒中均有茶多酚、游离氨基酸等茶叶功能成分检出，其中4个酒样中未检测出茶氨酸，9个酒样中未检测到咖啡因，7个酒样中未检测到儿茶素。后续需对市售茶酒的挥发性风味物质进一步研究。

22种茶酒检测结果

序号	酒精度/%vol	茶或茶组分	产地	含量/（微克/毫升）					
				茶多酚	儿茶素	咖啡因	氨基酸	茶氨酸	茶黄素
1	11	乌龙茶	北京	1349.41	604.60	40.35	80.12	75.15	NA
2	11	伯爵红茶	北京	1290.46	614.55	61.15	156.09	96.20	NA
3	11	薄荷绿茶	北京	583.07	669.59	79.83	110.98	65.00	NA
4	12	白茶提取液/浓缩液	福建	361.74	24.04	105.51	24.52	23.45	NA
5	7.5	抹茶	日本	1403.00	133.74	78.43	129.49	64.70	NA
6	8	碧螺春	江苏	1846.20	316.59	242.99	100.85	224.40	NA
7	52	安溪铁观音	福建安溪县	2165.59	NA	NA	10.03	NA	NA
8	40.8	红茶	四川	1369.24	292.59	NA	9.41	NA	NA
9	40	锡兰茶提取物	澳大利亚	1780.28	53.12	192.81	54.01	31.50	NA
10	50	信阳毛尖	重庆	498.39	33.26	41.22	23.16	3.60	NA

续表

序号	酒精度/%vol	茶或茶组分	产地	含量/（微克/毫升）					
				茶多酚	儿茶素	咖啡因	氨基酸	茶氨酸	茶黄素
11	10	茶叶	贵州	983.39	123.05	59.77	52.58	29.75	NA
12	50	信阳红茶	重庆	5150.05	49.01	4.08	13.46	NA	NA
13	42	普洱绿茶	云南	2918.54	302.00	143.90	11.57	0.95	NA
14	20	茉莉绿茶	中国台湾	1189.71	96.87	171.57	105.85	91.10	NA
15	48	红茶	贵州	304.39	174.41	21.54	18.62	8.40	NA
16	50	古树白茶	云南	434.08	NA	NA	58.14	6.45	NA
17	50	古树红茶	云南	584.67	NA	NA	73.04	11.50	NA
18	50	古树生茶	云南	1558.95	NA	NA	91.02	22.20	NA
19	50	古树生（陈）茶	云南	735.26	NA	NA	29.19	5.30	NA
20	50	古树黄茶	云南	1375.13	NA	NA	68.35	16.75	NA
21	50	古树熟茶	云南	555.20	NA	NA	27.34	NA	NA
22	48	茶鲜叶	浙江	3071.81	14.92	NA	19.21	2.25	NA

注：NA表示未检出。

（二）香气成分

茶酒还具有其独特的风味物质，特殊的工艺使茶酒具有茶的清香与酒的醇柔，既有白酒的挥发性香味物质，又溶入了茶叶的特征香气成分。香气成分是影响发酵型茶酒风味、质量和特性的主要因素，各香气成分相互协同才能形成其独特风味。茶叶香气中的醇类物质与白酒在发酵过程中产生的酸进行酯化反应，增加白酒中的香气物质。酯类化合物是白酒挥发性成分中最重要的化合物，其中乙酸丙酯、乙酸乙酯（溶剂状香）、2-羟基乙酸丙酯、乳酸乙酯（椰子香）、已酸乙酯（甜苹果香）、辛酸乙酯（酸苹果香）、苯乙酸乙酯（玫瑰和蜜香）、十六酸乙酯（蜡样气）是白酒中主要的挥发性成分，醇类是发酵茶酒挥发性成分的第二主要成分。对茶酒的香气成分分析，对更深入地了解茶酒的风味特征具有重要的意义。

茶酒中的香气成分主要有醇类、酯类、酸类、醛类、酮类等。由于茶原料的不同以及酿制工艺的不同，形成了各种不同风味、不同口感的茶酒。对茶酒风味物质的研究近些年来才逐渐有文献报道，方法主要是利用气相色谱–质谱联用技术（GC–MS）对茶酒中天然风味物质的复杂组分进行结构的定性定量分析。

邱新平等采用溶剂萃取法提取发酵型茶酒中的香气物质，共鉴定出72种香气成分，相对含量较高的香气成分主要有丁二酸单乙酯、苯乙醇、4–羟基苯乙醇、4–羟基丁酸、2，3–丁二醇、己酸、丁二酸二乙酯、辛酸、辛酸乙酯、苹果酸等。茶酒中苯乙醇的含量最大，是高级醇类物质的主要成分。苯乙醇的香味独特，具有玫瑰香、紫罗兰香、茉莉花香等多样风味。同时，茶酒中也分析出了具有酱香和肉香味的3–甲硫基丙醇，它是芝麻香型白酒的特征组分。而茶叶中含量较多的芳樟醇，在茶酒中也被检测到。苯乙醇、3–甲硫基丙醇和芳樟醇等构成了茶酒的茶树花香；茶酒中酯类物质以丁二酸单乙酯为主，而能够产生令人愉悦的花果香气的辛酸乙酯也占了很大的比例，没食子酸乙酯和丁二酸二乙酯含量也较大。其构成了茶酒的芬芳果香；茶酒中的苹果酸、乙酸、4–羟基丁酸等构成了酸香。茶酒的香气就是由各香气成分相互协调而形成的独特风味。

王晓娜等以小麦、大米和夏秋茶为原料，茶酒曲和母曲作为发酵剂，采用传统固态发酵技术发酵，酿造一种具有独特茶香、保留传统酒香特色且酒体清澈透明的白酒。其挥发性成分包括醇类、酯类、酮醛类、含氮化合物、芳香族、酸类等78种化合物，其中添加茶酒曲酿造的白酒中总酯含量高于母曲酿造的白酒中的含量。

邹聪丽研究发现成品茶酒中共检测到49种物质，其中醛类物质3种（0.613%）、醇类物质14种（74.138%）、酯类10种（5.787%）、酮类物质3种（1.033%）、烯类物质6种（2.468%）、酸类物质3种（2.64%）、其他芳香及杂环类物质10种。主要的香气物质为苯乙醇、异戊醇、2–甲基–1–丁醇、辛酸乙酯、辛酸、柏木醇、乙酸乙酯、香茅醇等。

徐雅琪等用气质联用仪对两种市售茶酒的挥发物组分进行了检测分析，并筛选出了呈香活性物质。经HS–SPME/GC–MS分析，两种茶酒一共鉴定得到67种挥发物。其中酒样LQB共有48种、酒样LZ共有41种。酒样LQB中检测出醇类物质20种，其中酯类、酮类、酸类、醛类、烷烃类物质各8、6、8、2、2种，醇类物质（55.95%）与酸类物质（21.02%）的相对含量较高；酒样LZ中共检测出醇类物质10种，其中酯类、酮类、酸类、醛类、烷烃类物质各14、3、8、3、1种，酯类物质

（54.83%）与酸类物质（32.71%）的相对含量较高。

陈琳琳等选用大叶绿茶为发酵用茶，蔗糖为发酵用糖，粟酒裂殖酵母为发酵酵母，研制茶蒸馏酒。初步鉴定出茶酒中各主要香气组分27个，茶酒的挥发性成分主要是酯类、醇类等，其相对含量较高。酯类化合物是白酒中最多的挥发性香成分，酯类化合物总体含量达到58.931%，其中相对含量较高的有己酸乙酯、辛酸乙酯、癸酸乙酯、月桂酸乙酯等，以乙酯类居多。醇类是白酒的醇甜和助香剂的重要来源，茶酒的挥发性成分中除乙醇外，醇类化合物总体含量达到34.602%，其中相对含量较高的是正丙醇、3–甲基–1–丁醇、芳樟醇等。

张士康研究团队对茶酒茗酿风味进行解析，发现40.8%vol茗酿检出65种风味物质，绝对含量为11.261毫克/毫升，其风味物质与基酒相似，以酯类物质为主（占91.369%），主要由己酸乙酯（68.21%）、丁酸乙酯（4.841%）、辛酸乙酯（4.375%）、庚酸乙酯（3.090%）、乙酸乙酯（2.497%）、己酸己酯（1.678%）、戊酸乙酯（1.850%）、己酸丁酯（1.274%）等物质组成；50.8° 茗酿中检出的风味物质种类及绝对含量大于40.8° 的茗酿，分别为82种、13.929毫克/毫升，说明两种茗酿风味物质组成和含量有相同又有差异，品质也各有特点。

茗酿中共检出8种茶特征成分：芳樟醇、芳樟醇氧化物Ⅱ、α–松油醇、橙花叔醇、十氢萘、1–戊醇、亚油酸乙酯、棕榈油酸乙酯等，是茗酿中茶特征风味的主要物质基础。此外，茗酿及其茶提取物中检出的水杨酸甲酯、苯乙醇及其苯乙醇基酯、苯甲醛及其衍生物等共有物质，也是茗酿中茶特征风味的关键因子。

发酵过程和陈酿过程茶酒的香气成分均会有变化。赵小月等研究了发酵及陈酿过程中绿茶发酵酒的挥发性香气成分（共检测出香气成分87~94种），研究表明发酵初始、发酵结束、陈酿过程中的香气成分种类和相对含量均变化明显，体现了绿茶酒由茶香到酒香的变化。其中醇类物质含量在陈酿过程中有所降低，但总体在各阶段含量都较高，主要有异戊醇、苯乙醇、异丁醇等，醇的种类也由发酵初始的20种到发酵结束时的27种；酯类物质发酵初始含量相对较低，陈酿过程中含量增加较多，主要具有特殊风味特征的月桂酸乙酯、辛酸乙酯、癸酸乙酯、正己酸乙酯、乙酸乙酯等，其中苯乙醇和癸酸乙酯是绿茶的特征香气成分；而酸类物质随发酵和陈酿的进行而减少，醛、酮、酚类物质含量较低；烃及衍生物的含量和种类在陈酿阶段增加较多，这些变化致使绿茶发酵酒具有独特的风味和较为协调的口感。

二、茶酒功能

茶是世界三大无酒精饮品之一，蕴含着茶多酚、咖啡因、氨基酸等多种功能性成分，其一直有“万病之药”之称，中医学认为茶性凉、味苦甘，苦能泻下、燥湿、降逆；甘能补益缓和；凉能清热、泻火、解毒。酒为谷物之精华，有“百药之长”之誉称，在酒内加泡药材，用以防病治病是常有的土方子，其“辛甘性热”，适量饮酒，可祛风散寒，加速血液循环，有效预防血管疾病。茶水温和，酒水浓烈，二者截然不同又碰撞出火花，在二者基础之上研制出的茶酒兼顾了茶的温性与酒的热性。

“酒有热肠，茶有幽韵”，适量饮酒既能助兴，又能养生。茶酒在加工过程中茶叶的大部分营养成分和功效成分都溶于酒里，使得茶酒集结茶和酒的优势于一身，有着极高的药理功能和保健作用，更满足了现代人对健康的需求。结合茶叶清热祛毒与白酒驱寒通络的作用，制得的茶酒更具散风热、清头目、除烦渴、活血化瘀的保健功效。

茶多酚、咖啡因等是茶酒的主要保健成分。而正如前文所述，茶多酚具有清除自由基、抗辐射、降血脂、杀菌等作用，具有解酒、护肝、调节体脂、利尿、除臭等保健功能。

咖啡因除了赋予茶酒特殊的风味外，也是中枢兴奋剂。咖啡因属生物碱类，这类化合物的保健效能是综合性的，能治疗多种疾病，调节各系统功能，振奋精神、强化思维、利尿、醒酒、松弛平滑肌、影响人体代谢、消毒灭菌、解热镇痛等。由于其存在，使茶酒可以起到振奋人的精神、消除疲劳、增进食欲、舒缓肠胃功能等功效，对人体消化功能有很好的改善作用。

现代研究成果表明，白酒浸提普洱茶，酒色艳透亮，有微苦、陈香、醇厚、回甘、生津止渴的口感，具有茶叶原料所具有的降血脂、调节体脂、和胃作用。

综上所述，可以分析出茶酒具有多重保健功能，是各阶层人士的理想饮品。将茶和酒有机结合起来的茶酒研制顺应了我国酒类向“低度、营养、低粮耗、高质量”的发展方向，且风味淡而优雅，口感柔和鲜爽。

（一）有助于缓解肝脏的酒精性损伤

酒精主要是在肝脏中进行代谢的，代谢中可产生一些副产物，如$NADH/NAD^+$增高，可影响正常糖代谢途径，产生氧自由基，引起肝细胞损伤，甚至肝细胞坏死、肝纤维化和肝硬化。酒精性肝损伤主要是乙醇引起的自由基损伤，茶氨酸、茶多酚、γ-氨基丁酸为主的茶叶特征成分可通过抑制氧化应激和脂质过氧化反应发挥改善肝组织代谢，抑制酒精性肝损伤的作用，茶香型保健酒的研制为减轻饮用高度酒时乙醇对肝脏的损伤指明方向。

林春兰等研究报道茶多酚能抑制酒精引起的小鼠肝组织脂质过氧化产物丙二醛（MDA）水平和血清谷丙转氨酶（ALT）活力的升高，可能具有防治酒精性肝损伤的作用。张幸国等发现经茶多酚干预的各组酒精灌胃大鼠的肝纤维化程度较单纯酒精组轻，抗脂质过氧化、血清内毒素指标较单纯酒精灌胃组大鼠也均有不同程度改善，表明茶多酚有抗大鼠纤维化的作用。

周晓蓉等研究报道茶多酚及EGCG可减轻酒精性肝损伤大鼠肝脏的炎症与坏死，其可能机制包括降低内毒素血症、抑制促炎细胞因子的表达与分泌。

L-茶氨酸在不同方面均被证明对酒精诱导人正常肝细胞氧化损伤具有保护作用。其作用机理是茶氨酸通过抑制酒精刺激下抗氧化关键酶活性的降低及氧化反应中间产物的产生，避免人正常肝细胞在酒精诱导下发生氧化损伤及氧化应激反应。绿茶糖苷类黄酮在保肝护肝、延缓肝纤维化上有一定的作用，且呈量效关系。

由中华全国供销合作总社杭州茶叶研究院研制的茶氨酸复合剂，为以茶氨酸、茶多酚、γ-氨基丁酸、支链氨基酸等为主要功效成分配方的复合氨基酸制剂。该茶氨酸复合剂可明显降低醉酒率、推迟醉酒时间、缩短醉酒持续时间，具有较好的解酒效果；可抑制大量饮酒后肝、胃组织丙二醛含量增加，提高超氧化物歧化酶活力，保护胃和肝脏等免受脂质过氧化损伤；可显著升高大量饮酒后小鼠肝组织抗利尿激素活性，促进酒精代谢，降低血醇浓度；可显著减轻肝细胞脂肪变性、改善酒精性肝损伤大鼠肝脏病理组织形态，对大量饮酒所致肝损伤具有防护作用。

（二）有助于减缓醉酒

茶叶成分具有一定的解酒效果，可以减轻酒精对人体的伤害。王岳飞等发现茶多酚能够有效抑制小鼠的兴奋性，降低其共济失调能力，提高其乙醇半数致死量，这表明茶多酚对试验性小鼠有显著的解酒作用。此外，咖啡因有利于肝脏物质代谢的能力，增进血液循环，把血液中的酒精排出体外，解除酒精毒害，从而起到醒酒排毒的功效。

茶皂素具有刺激酒精代谢酶的活性、抑制炎症损伤、解酒护胃护肝作用。李颜研究了茶皂素对酒精中毒小鼠的解酒作用及其保护机制，研究发现茶皂素可显著延长小鼠醉酒时间、缩短睡眠时间，且能够有效抑制乙醇吸收，降低血液乙醇浓度。通过酒精中毒小鼠胃黏膜病理形态学变化发现茶皂素可明显减轻小鼠胃黏膜损伤程度，具有保护胃黏膜的作用。

（三）有助于抑制酒精性氧化损伤

茶酒中富含茶多酚、氨基酸、维生素等抗氧化物质，其抗氧化作用明显。李拥军等研究发现单枞茶酒含有一定量的儿茶素和没食子酸。这些抗氧化活性成分是单枞茶酒具备抗氧化活性的物质基础。单枞茶酒的还原能力高于等量的0.1毫克/毫升的抗坏血酸，也大大强于等量同酒精度的勾调酒；具有良好的清除DPPH·、ABTS·、·OH及O_2^-·等自由基的能力，且对前三种自由基的清除能力均明显强于等量的0.1毫克/毫升的抗坏血酸，适量饮用单枞茶酒或许可减少自由基引起的机体损伤。

李变变研究报道茶多酚对苹果酒具有抗氧化作用，可为天然抗氧化剂茶多酚代替化学抗氧化剂二氧化硫的可行性提供参考。梁娟娟研究发现添加了茶粉的啤酒茶多酚含量明显增加，能明显抑制邻苯三酚自氧化产生的氧自由基（O_2^-·）的清除能力，并且茶啤酒的总还原力显著高于不经茶粉处理的空白对照，茶啤酒的抗氧化性能明显提高。

张士康研究团队的研究结果表明，茶风味因子、茶多酚、茗酿等对DPPH自由基、ABTS自由基具有一定的清除能力，且与其添加量呈正比。研究了茶风味因子、EGCG、茶氨酸、茗酿及其基酒对HepG2细胞酒精性损伤的干预作用，结果表明茶风味因子等显著降低酒精引起的细胞死亡，且茗酿茶酒组的细胞存活率高于对照基酒。同时，进一步开展了茶风味因子、茗酿、酒基等对细胞中抗氧化相关蛋白酶活及基因的表达研究，从蛋白、分子、基因等水平验证了茶风味因子对酒精引起的氧化应激具有一定的干预作用，揭示了茶酒及茶功能因子通过干预细胞氧化应激通路缓解酒精性细胞损伤。

综上所述，茶属温和性饮料，茶类产品因天然健康而在近年来广受青睐。酒是刺激性饮料，两者各有不同属性，采用茶叶酿制或配制的茶酒既具有酒的风格，也具有茶的风味和保健功能。具有茶香风味的茶酒可以充分利用我国丰富的茶叶资源，既能满足人们的健康需求，又可丰富酒类品种，必然是未来酒品消费的新趋势，有广阔的市场空间。今后，随着研究成果的增多及研究技术逐渐成熟，茶酒的功能和风味特点能得到更加明确的解析。

三、茶寿、酒寿、茶酒寿

（一）茶寿

自古以来长寿都有雅称：60岁称为花甲之年、耳顺之年、还乡之年；70岁称为古稀之年、悬车之年、杖国之年；80岁、90岁称为朝杖之年、耄耋之年；寿得3位数的称为期颐之年。人们为长寿老人祝寿，还有喜、米、白、茶寿之说。喜寿：指77岁，草书喜字看似七十七；米寿：指88岁，因米字看似八十八；白寿：指99岁，百字少一横为白字；茶寿：指108岁，茶字的草头代表二十，下面有八和十，一撇一捺又是一个八，加在一起就是108。

饮茶长寿，正史也有记载。“茶有延年益寿的奇效，无论在哪里，有饮茶习惯的人都会长寿”，日本的西和尚在他1211年的《饮茶健身》一书中如是说。东方人一向认为饮茶能使“身、心、神保持完美的和谐”，延缓衰老过程。《旧唐书·宣宗纪》记，洛阳来了位130多岁的僧人，宣宗问他：“服何药如此长寿?”僧答：“贫僧素不知药，只是好饮香茗，至处唯茶是求。”长寿的秘诀是饮茶。老一辈革命家朱德当年在庐山品尝了云雾茶后，即席欣然命笔，写下了“庐山云雾茶，味浓性泼辣，若得长时饮，延年益寿法”的诗篇。孙中山先生也赞茶“是为最合卫生最优美之人类饮料”。人要健康长寿，清志调畅是一个重要条件，饮茶毫无疑问能够达到这个目的。陶弘景在《养生延寿录》中提出：“养性之道，莫大忧愁大哀思，此所谓能中和，能中和者必久寿也。”现代文化名人林语堂也说：“我毫不怀疑茶具有使中国人延年益寿的作用，因为它有助于消化，使人心平气和。”日本科学家发现，茶抗衰老的作用约为维生素E的20倍。日本专家说：“中国患动脉粥样硬化和患心脏病的比例比西方低，除了遗传因素、生活方式、饮食结构外，同时与中国人爱饮绿茶有关。”

茶界泰斗张天福（1910—2017年）

我国著名的茶界泰斗张天福先生享年108岁，108在历史书上也许只是一页纸的厚度。但是，对于一个人来说，108年，却是堆满了岁月的沧桑痕迹。俗语称，人到七十古来稀，一百岁则不仅仅是“古来稀”了，也是“今来稀”。百岁茶学泰斗张天福，不仅见证了这百年来中国茶叶的衰败和兴起，而且直接参与了复兴中国茶业的伟大历史进程，为中国茶业重新走向辉煌，发挥了不可替代的作用。他所倡导的“俭、清、和、静”的中国茶礼造就了一个天人合一的张天福。他是《中国农业百科全书》所列十大茶叶专家之一；他出身名医世家，却违背父母意愿考上农学院。值得一提的是，张老生前嗜茶成性、视茶如命，长年累月酷爱喝茶，每日早晚一杯热茶从不离手，日日如是，年年如是。而且他主张饮茶之道四季有别，即春饮花茶长精神，夏饮绿茶身清凉，秋饮乌龙可润燥，冬饮红茶暖心田，成了他的长寿秘诀。张老历来就把茶叶当成了修身养性、陶冶情操的“信物”，信奉“茶是神，养育一方人”的理念，感到日常饮茶比吃饭更需要，故有“茶哥米弟”之说法。

之前，每当人们问起他的长寿秘诀时，他说“茶是万病之药，我的养身健体之道就是饮茶。茶字拆开来108，如今我正好可以乐享茶寿了。”他还风趣形容自己：“我就是饮茶长寿的活标本！”据悉，世界茶叶组织为表彰张天福对世界茶业的巨大贡献，特聘任张老为世界茶叶组织高级顾问，并颁发世界茶叶组织的最高奖项——“茶仙茶寿终身成就奖”。

中国茶学界“泰斗”张天福老先生享年108岁的传奇人生强有力地证明了饮茶可以延年益寿。当然，茶不是唯一富含植物性营养、有益人体健康的饮料，茶叶也不是包治百病的灵丹妙药，但是饮茶可以预防多种疾病，越来越多的人开始把它视为健康饮食的重要组成部分。茶不仅仅是一种饮料，更是一种健康的生活方式，“清清茶水送健康，愿君饮茶至茶寿”。

（二）酒寿

众所周知，古今关于饮酒之大忌，只在饮量的多少。少饮有益，多饮有害。故宋代邵雍有诗曰：“人不善饮酒，唯喜饮之多；人或善饮酒，难喜饮之和。饮多成酩酊，酩酊身遂疴[①]；饮和成醺甜，醒酣颜遂酡。”这里的“和”即是适度。无太过，亦无不及。太过伤损身体，不及等于无饮，起不到养生作用。所以，从医学角度科学的方法，我们才能找到饮酒治病的最佳分寸。

关于酒，谈虎色变和杯弓蛇影都是不必要的。许多国家的研究显示，适量饮酒比滴酒不沾者，更健康长寿。适量喝酒，可增加高密度脂蛋白的含量，有助于防止心脏病、减少动脉内胆固醇的累积。甚至有人认为喝少量的酒是老年人的健身灵丹。调查表明，适度喝酒老人长寿的主要原因，是心血管疾病的发生概率较低。

饮酒适量而长寿者，中外都并不少见。中国有多个“长寿之乡”，如湖南省麻阳苗族自治县的人们常饮“养生酒”“福寿酒”，即家中自酿的米酒、玉米酒和甘薯酒；名酒之乡安徽亳州市谯城区有400余位百岁老人，其中60%以上的寿星都有饮酒的习惯。

著名中医姜春华教授（1908—1992年），学术有创见，治病妙手回春，著述逾上千万字。高龄时依然精神抖擞、思维敏捷，身兼上海中医学会名誉理事长和国家原科委卫生顾问数职。他对酒有特殊好感，年轻时他以酒酌文，酒后既能下笔千言、洋洋大观的学术论文，发挥自如；年届花甲后，他与“液体面包”结下不解之缘，

① 疴（kē）：病。

每餐一瓶，以此自疗冠心病、糖尿病，竟颇见效验。

而著名的酒界泰斗秦含章先生，享年112岁，甚至超过了108岁的茶寿界限。秦老一生在酿酒业的造诣至深，品德为世人所敬仰。不怕辛苦和年高，有求必应，经常进入企业调查研究，帮助解决难题，大凡名优酒厂都接受过秦老的指导，说起白酒与健康话题如数家珍："中国酒，让消费文化是与保健、养身有关系的。适量饮酒对保护健康有直接的关系，比如对胃和肠有一定的刺激作用，使它兴奋加强消化。我是提倡适量饮酒的科学工作者，我是有理论依据，我也调查，我也研究。"而谈到自己的养生之道时，秦老说："除了清淡、合理、均衡的膳食，我还喜欢喝酒。酒对健康的意义，我过去写过一首诗：'饮酒无量不老神，三杯白酒可养生'。喝酒可以没有一定的数量，能够喝酒的多喝一点，不能喝酒的人少喝一点，以不要喝醉、不要头痛、不要丧失意志为好。中国人喝酒的习惯，敬酒都是拿个小杯子，敬酒三杯，一杯一口，两杯两口，三杯三口。好，三杯为止不要喝了。少量饮酒对身体有帮助，是好事情，是中国几千年留下来的传统，是我们老祖宗传下来的保健措施。"老人家以自己的高寿证明了合理饮酒的神效。

酒界泰斗秦含章（1908—2019年）点赞茗酿

张士康曾拜访112岁的酒界泰斗秦含章先生，老先生听取茶酒研发报告并品尝了茗酿后，对茗酿的定位、风味、品质、功能等赞不绝口。

（三）茶酒寿

酒是社会交流沟通的重要载体，但饮酒过量则会危害身体健康。而茶叶中的L–茶氨酸作为一种易溶于水和醇且溶液呈无色的氨基酸，具有较高的鲜爽性，以及镇静、保护神经细胞的功能。通过L–茶氨酸的添加能达到降低醉酒度的效果以及在一定程度上缓解酒精对肝脏的损伤。茶有解酒之功能，曾有刘禹锡以菊苗、葿、芦菔、鲊赠送给白居易，以换取六班茶醒酒的故事。

金代元好问《茗饮》句："宿醒未破厌觥船，紫笋分封入晓煎。"（觥船：载酒的船，借指酒。意思是宿酒未醒而厌酒，早上煎茶喝以醒酒）元代刘敏中《蝶恋花·带上乌犀谁摘落》句："几日余酲情味恶。七碗何须，一啜都醒却。"（意思是：饮了一口茶，便使数日病酒顿时醒了过来）现代肖劳《商业部茶畜局品茶会》句："七碗荡诗腹。一瓯醒酒肠。"（意思是：茶可催诗，也可醒酒）

受到茶和酒都有延年益寿的启发，突然想到茶既然能有茶寿，酒既然能有酒寿——那茗酿是否有茶酒寿呢？茗酿结合了茶的保健功能，又降低了酒精对人体的损害，其健康保健作用毋庸置疑，那么我们可否为茗酿定一个茶酒寿呢？茶寿为108岁，酒寿为112岁，那么茶酒寿是120岁还是128岁呢？

随着社会的不断发展，我国人均寿命从1975年的65岁增长至2021年的76.1岁，但世界排名仍很低，仅为第53位，相较于前四的日本（83.7岁）、瑞士（83.4岁）、新加坡（83.1岁）和澳大利亚（82.8岁）仍存在较大差距。原国家卫计委公布的数字表明我国已有2.6亿慢性病患者，目前，我国八成的死亡者死于慢性病，在过早死亡和寿命损失中，慢性病占多数，其中在过早死亡的494万人中占75%；早死导致的减寿人年数（即所有早死者与人均寿命差距总和）1亿中，慢性病占49%，为4900万人年。根据测算，如果扣除慢性病原因，可增加人均期望寿命13.2岁。而"病从口入"，营养学专家认为，目前引发我国居民死亡的前三位疾病——心脑血管疾病、肿瘤、呼吸系统疾病中，前两者与膳食结构不合理有明显关系，心脑血管、肿瘤、糖尿病等常见慢性病大多是饮食不当导致的。

既然我们有一百多岁的"茶寿""酒寿"老先生作为榜样，那么茶酒作为健康饮品，能否为我国人均寿命的延长贡献力量只能交给时间来验证，值得期待。

［参考文献］

[1] BORGWARDT S, HAMMANN F, SCHEFFLER K, et al. Neural effects of green tea extract on dorsolateral prefrontal cortex[J]. European Journal of Clinical Nutrition, 2012, 66（11）: 1187.

[2] GUESSOUS I, EAP C B, BOCHUD M, et al. Blood pressure in relation to coffee and caffeine consumption[J]. Current Hypertension Reports, 2014, 16: 468-476.

[3] KAMIMORI G H, BELL D G, MCLELLAN T M. Caffeine improves physical performance during 24 h of active wakefulness[J]. Aviation Space and Environmental Medicine, 2004, 75（8）: 666-672.

[4] LIANG K G, WEE S L, STEPHANIE T, et al. TOMM40 alterations in Alzheimer's disease over a 2-year follow-up period[J]. Journal of Alzheimer's Disease Jad, 2014. DOI：10.3233/JAD-141590.

[5] PAOLA R D, MAZZON E, MUIA C, et al. Green tea polyphenol extract attenuates lung injury induced by experimental colitis[J]. Free Radical Research Communications, 2005, 39（9）: 1017-1025.

[6] PARK T S. Composition for the prevention or treatment of obesity, dyslipidemia, fatty liver or insulin resistance syndrome, comprising piperonal as an active ingredient: US, 20120035274[P]. 2012-02-09.

[7] RELJA, TOTTEL, BREIG, et al. Plant polyphenols attenuate hepatic injury after hemorrhage/ resuscitation by inhibition of apoptosis, oxidative stress, and inflammation via NF-kappaB in rats[J]. Eur J Nutr, 2012, 51（3）: 311-321.

[8] 陈琳琳，胡宝东，邱树毅，等. 茶叶发酵蒸馏酒生产工艺优化及挥发性成分分析[J]. 中国酿造，2016，35（6）：40-45.

[9] 谌永前，吴广黔，周剑丽，等. 工艺条件对配制型茶酒中茶多酚含量的影响[J]. 酿酒科技，2010（7）：49-51.

[10] 霍嘉颖，孙宝国，郑福平，等. 白酒中一种三肽Arg-Asn-His的鉴定及其细胞内抗氧化活性[J]. 食品科学，2018，39（23）：126-133.

[11] 寇小红. 水溶性绿茶多糖的系统分级纯化及其免疫活性与清除羟自由基活性的研究[D]. 北京：中国农业科学院，2008.

[12] 李变变. 茶多酚对苹果酒抗氧化作用的研究[J]. 安徽农业科学，2015，43（25）：296-297；314.

[13] 李颜. 茶皂素对酒精中毒小鼠的解酒作用及其保护机制研究[D]. 合肥：合肥工业大学，2018.

[14] 李拥军，孙远明. 单枞茶酒的抗氧化活性评价[J]. 中国食品添加剂，2019，30（2）：77-83.

[15] 李钰，张欢，饶家权，等. 适量白酒对动脉粥样硬化大鼠血脂及炎性因子的影响[J]. 现代预防医学，2017（13）：49-52.

[16] 林春兰，蒋建伟，严玉霞，等. 茶多酚对酒精诱导的小鼠肝脂质过氧化和血清ALT活性变化的影响[J]. 中国病理生理杂志，2003，19（1）：110-112.

[17] 刘淑红，李堃，王美，等．茶多酚对Lewis肺癌的生长抑制、抗氧化及免疫调节作用的研究[J]．中国肿瘤生物治疗杂志，2003（3）：206-209.

[18] 刘银，王瑶，苏笮斌，等．中药复方养生茶对酒精性肝损伤大鼠的保护作用及其机制研究[J]．慢性病学杂志，2018（2）：135-138.

[19] 邱新平，李立祥，赵常锐，等．发酵型茶酒香气成分的GC-MS初步分析[J]．酿酒科技，2011（9）：100-102.

[20] 邱新平．茶酒发酵工艺研究[D]．合肥：安徽农业大学，2010.

[21] 汪东风，王林戈，张莉，等．绿茶对糖尿病的防治作用[J]．茶叶科学，2010（4）：13-20.

[22] 王晓娜，杜先锋，蒋军，等．发酵茶酒的制备及其挥发性成分分析[J]．安徽农业大学学报，2019，46（6）：6-12.

[23] 王岳飞，郭辉华，丁悦敏，等．茶多酚解酒作用的实验研究[J]．茶叶，2003，29（3）：145-147.

[24] 王振富，李玉山．恩施绿茶茶多糖对糖尿病模型大鼠血糖的影响[J]．中国应用生理学杂志，2013，29（1）：77-80.

[25] 吴建峰．中国白酒中健康功能性成分四甲基吡嗪的研究综述[J]．酿酒，2006（6）：13-16.

[26] 夏道宗，张元君，倪达美，等．安吉白茶多糖抗肿瘤及免疫调节研究[J]．茶叶科学，2013（1）：40-44.

[27] 徐雅琪，何荟如，潘欣，等．茶酒中茶特征成分含量测定和挥发物组分分析[J]．茶叶，2020（2）：102-106.

[28] 杨涛，李国友，吴林蔚，等．中国白酒健康因子的研究及其产生菌选育和在生产中的应用（I）：中国白酒健康因子的研究[J]．酿酒科技，2010（12）：65-69.

[29] 张凌云，谭耀森．不同发酵处理对单枞茶酒理化品质影响研究[C] //第十二届中国科学技术协会年会论文集（第二卷）.2010.

[30] 赵小月，徐怀德，杨荣香．绿茶酒发酵工艺优化及主要成分变化分析[J]．食品科学，2014，35（5）：169-175.

[31] 周晓蓉，龚作炯，袁光金，等．茶多酚及没食子酸表没食子酸儿茶素对实验性酒精性肝病大鼠肝脏的保护作用及机制研究[J]．中国现代医学杂志，2006，16（6）：840-843.

[32] 邹聪丽，周鸿翔，陈烁．发酵型红茶酒制备工艺的初步研究[J]．中国酿造，2017，36（2）：180-183.

第五章 当代茶酒产品

CHAPTER 05

——佳茗优酿、天作之合

望高山兮，日沐浴春芽兮。
望高山兮，秋风又发茗兮。
望高山兮，何日酿茶浆兮。
望高山兮，梦翰林坊酿兮。

宋·米芾《夜饮论酿》

茗酿

第一节 当代茶酒的定义与分类

茶酒可谓源远流长。茶是含蓄蕴藉的，她让人冷静克制；酒是肆意张扬的，她让人热情奔放。而茶酒简直是太美妙了，茶和酒的完美交融，不正是一种阴阳融合的中国哲理吗？和谐而美好的神秘之饮，如同一位下凡仙女，让这位来自古老中国的、刚烈而不失温柔的东方美人，给接触到她的人们的生活增添了一丝别样的味道。

茶酒，某种意义上讲，凡是茶中有酒、酒中含茶的都是茶酒。古今中外，不同的人对“什么是茶酒”这个问题给出了各种各样的定义。而什么是现代茶酒呢？要了解茶酒，要体验茶酒，要在生活中去用去喝去消费茶酒，首先就要弄明白何为茶酒？当前，茶酒缺乏统一的国家或行业标准和定义，我们梳理了茶酒的相关文献资料，总结了一下，大概有如下一些定义：

一是茶酒是指以茶叶为主料酿制或配制而成的各种饮用酒的统称；

二是茶酒是以茶类产品为主要原料，经生物发酵、过滤、陈酿、勾调而成的新一代风味型酒；

三是茶酒是以茶叶为主要原辅料，与制酒原料相结合，经过发酵或者配制而成的各种饮用酒的统称；

四是茶酒是以市售茶叶为主要原料，通过浸泡、酶解、过滤、灭菌、发酵、蒸馏得到具有茶香，口感爽净，富含茶多酚的发酵酒；

五是茶酒是以茶叶为主要原料，经直接浸提或生物发酵、过滤、陈酿、勾调而成的一种具有保健功能的饮料酒；

六是茶酒是以发酵酒、蒸馏酒等为酒基，加入茶叶或以茶叶为主要原料经蒸馏、萃取等工艺得到的茶叶提取物，进行调配、混合或再加工制成的、已改变了其原酒基风格的饮料酒。

可见，市场上茶酒产品种类繁多，从加工工艺分，包括配制型、发酵型和蒸馏型；以外观区分有无色透明的和有色浑浊的；根据茶叶种类分有绿茶酒、红茶酒、乌龙茶酒、黑茶酒，甚至还有花茶酒、苦丁茶酒等没有茶叶固有元素在内的“茶酒”。此外，如果进一步细分，还有滇红茶酒、铁观音茶酒、龙井茶酒等；而不同茶酒的酒度数更是能低至0.5%vol，甚至可以是无醇茶啤酒。比如一杯茶汤，往里面滴1滴白酒，也可算是以酒入茶，可称之为茶酒，但这样的茶酒基本没有酒味。同样，一杯白酒，里面放了一片茶叶，也可以称之为茶酒，因为也可以说以茶入酒了，但其实是没有茶味的。

总而言之，目前关于茶酒还没有统一的定义。因此，为了规范、引导茶酒产品研发及其市场化推广，推进茶酒产业有序化发展，笔者基于国内外市场上茶酒产品的生产工艺，结合上述相关定义，经过与茶、酒、茶酒及食品标准制修订等相关领域专家的咨询、讨论，统一将茶酒定义为：

茶酒是指以茶叶为主要原料酿制或配制而成的功能性饮料酒的统称。

根据我国国家标准GB/T 17204—2021《饮料酒术语和分类》的分类原则，可进一步细分为发酵型茶酒、蒸馏型茶酒和配制型茶酒三大类：

发酵型茶酒。是指以粮谷、薯类、水果、乳类等为主要原料，加入茶叶或茶叶提取物，经发酵或部分发酵酿制而成的饮料酒；

蒸馏型茶酒。是指以粮谷、薯类、水果、乳类等为主要原料，加入茶叶或茶叶提取物，经发酵、蒸馏、经或不经勾调而成的饮料酒；

配制型茶酒。是指以发酵酒、蒸馏酒或谷物食用酿造酒精为酒基，加入茶叶或茶叶提取物，进行调配和/或加工制成的饮料酒。

第二节 当代茶酒市场

一、茶酒产业发展现状

中国是茶的故乡，茶酒也是我国的首创。茶和酒都是中国传统产业，茶的恬静，酒的浓烈，不断渗入人们生活、文化的方方面面，经历数千年的市场竞争与筛选，仍具强大的生命力。据统计，2020年我国茶叶产值突破2500亿，位居世界第一，白酒产业实现销售收入近6000亿元，同比增长4.61%，占酿酒行业总收入的69.87%。茶与酒相融合，是创新茶、酒产品，延伸茶、酒产业链，实现共赢的有机桥梁。

中华全国供销合作总社杭州茶叶研究院原院长张士康认为，茶叶具有独特的营养与保健功能，茶业的发展基础在“传统茶业”，突破在“现代茶业”，倡导“全价利用，跨界开发”理念，变“茶叶加工”为“茶叶制造”，创造茶叶全新的价值，拓展更加广阔的茶资源利用空间，使茶产业从“红海”走向“蓝海”，实现茶产业的优化发展。国家酿酒大师、首批国家非物质文化遗产代表性传承人、泸州老窖股份有限公司副总经理、总工程师沈才洪认为，中国白酒进入以“健康”作为引领和统揽的4.0时代，中国白酒未来转型升级发展方向一定是“品质+品牌+文化+健康”，泸州老窖养生酒要做“品质创新，品牌革命”的先行者。而茶酒的结合恰恰也是“全价利用、跨界开发”的完美落实，对传统茶行业可谓是一个转型升级的新方向。

沈才洪（泸州老窖股份有限公司副总经理、总工程师，首批国家级非物质文化遗产代表性传承人，首届中国酿酒大师，首届四川天府工匠）

同时，把茶与酒有机结合起来的茶酒研制也顺应了我国酒类向“低度、营养、低粮耗、高质量”的发展方向，对拓宽白酒产业、丰富茶叶和酒产品的种类也有很大的帮助。茶酒的出现，用茶的诸多对人体有益的内含物质很大程度上降低了传统白酒对人体的损伤，也增加了市场的花色品种，满足了消费者健康型酒、个性化酒的需要，具有非常广阔的市场前景。因此，茶酒对传统的酒水行业也是一个重要的转型升级的机遇。

当下，传统白酒开始无法满足现代年轻人对产品个性化的风味需求。随着人们保健意识的增强和消费观念的转变，功能性保健酒、风味独特露酒逐渐成为市场的新宠。中国茶健康养生文化由古传今、广谱认同，由此以茶入酒，赋予酒体以茶健康，配以中国白酒纯粮发酵工艺与优质品质，独特制造的“茶酒”，是开启新时代健康养生酒宴席不可或缺的“名爵”，茶酒迎来了新时代的新契机。

在改革开放40多年的中国市场以及广阔的国际市场上，琳琅满目的茶酒产品逐渐走进现代人们的生活，成为许多茶人酒友生活中不可或缺的一部分。

（一）当代年轻人热衷的调饮茶酒

这里举一个例子，美国的冰茶。这就是外国一款典型的茶酒。这款名为“冰茶”的茶酒和1920年美国的禁酒令有着密不可分的关联（美国禁酒法案，又称“沃尔斯特”法案，于1920年起效，1933年被废止）。根据这项法律规定，凡是制造、售卖乃至于运输酒精含量超过0.5%vol以上的饮料皆属违法。自己在家里喝酒不算犯法，但与朋友共饮或举行酒宴则属违法，最高可被罚款1000美元及监禁半年。21岁以上的人才能买到酒，并需要出示年龄证明，而且只能到限定的地方购买。所以很多想喝酒的年轻人便在酒水中加入冰块、柠檬、茶叶、薄荷等，这样就不算是酒了。这说明了茶酒在年轻人面前也是有非常大的魅力。

美国是个历史并不悠久的移民国家，民众的生活习俗往往带有原住国的印记。美国人绝大多数是从欧洲移民的，因而他们的饮茶习俗也与欧洲人相去不远。美国人饮用冰茶也受到欧洲人的影响。而冰茶的调饮则是根据自己的口味和喜好，在冰茶里加上白糖、柠檬或者别的果汁。这种调饮的冰茶，将茶的醇香与水果的甜香融合在一起，喝起来很方便。比起饮用清饮，除解渴外，还能增加口味和多种营养。

美国人在喝鸡尾酒时，还喜欢在鸡尾酒里加上适量的烹煎好的浓酽红茶汤，就成了鸡尾茶酒。这种酒除了具有鸡尾酒的味道之外，还多了红茶的浓酽醇香，有助于解除疲劳，兴奋神经，很受当地年轻人的喜欢。

那么，作为茶酒的发源地，我国年轻人对茶酒又持什么态度呢？

当代年轻人，酒量是弹性的。各大自媒体平台都有这么一种说法：

家庭聚餐时：我不会喝酒。

公司团建时：真喝不了，我酒精过敏。

领导提拔时：我干了，您随意！

朋友蹦迪时：你跟我搁这养鱼呢？

茶和酒是年轻人生活中难以抹去的元素，而现在，茶饮料也来“酒场”凑热闹了。成年人的世界要有奶茶，也要有酒。

一时间，奈雪的茶、喜茶、星巴克等品牌纷纷跨界推出茶酒的新产品，吸引年轻消费者的关注。

2018年6月，奈雪的茶在华南地区试水“诗酒茶”系列，第一次尝试“酒+水果茶”的组合；2019年夏天又开设酒吧“奈雪酒屋”，又称BlaBlaBar，主打度数较低、口味偏甜的鸡尾酒，以及一些不含酒饮料。

2019年4月，喜茶推出“醉醉粉荔”，之后又迎来新成员“醉醉桃桃”；8月，与科罗娜联名的“醉醉葡萄啤”，第一次在果茶中加入啤酒，还搭配了喝科罗娜必备的1/16青柠片，将“醉醉系列”送上热搜。

咖啡界巨头星巴克也早已开启了与酒的跨界尝试，2018年10月推出了不含酒的“啤酒拿铁”，2019年夏天又尝试了8款灵感源自鸡尾酒的“玩味冰调”系列。与此同时，还尝试推出Bar Mixato酒吧业态，进行夜间的“咖啡馆变酒馆”尝试。

随着茶酒饮料的持续走红，各大白酒企业也开始按捺不住，纷纷主动对接茶饮料公司。

2020年6月，泸州老窖与茶百道联合推出的“醉步上道”新品，在茶百道全国1000多家门店同时上线。新品奶茶风味与酒香风味相映生辉，以奇异混搭的美妙口感，一经上线便成为爆款，挤进茶百道店铺最受欢迎的前三名产品。在短短四个半月内，“醉步上道”全国门店完成699万杯的销售量，单杯售价18元，销售总额达1.25亿元。这让近700万的全国年轻用户通过“醉步上道”重新认识并关注了泸州老窖，成为互联网社交圈热议的话题。活动期间，全网话题阅读量超3200万次。

2020年“双11”期间，泸州老窖与香飘飘联合推出低酒冲泡奶茶“桃醉双拼”快速售罄；“双12”期间，香飘飘子品牌Meco醉圣诞限定款首次上架就出现了秒售罄的情况，引来了大家的关注与讨论。

据悉，此前香飘飘曾在同一时间注册了多个商标，如“香飘飘莫吉托”“香飘飘朗姆”，商标国际分类包括啤酒饮料类、方便食品等。

中国食品产业分析师朱丹蓬指出，随着新生代的人口红利不断叠加，他们对于产业端的影响力会越来越大。在新生代的消费思维与消费行为发生巨大变化之后，产业端其实一直都在探讨一个问题，或者说尝试一些新的品类组合，不难发现“跨界”已经成为吸引新生代消费的重要手段，在消费端不断倒逼产业端创新升级的节点之下，类似“酒+奶茶”“酒+饮料”这样的茶酒创新产品未来会更多。

艾媒咨询发布的《2021年中国酒类新零售市场研究报告》显示，2021年，中国酒类新零售市场规模约为1361.1亿元。2021年酒类新零售用户规模约为5.36亿人，其中轻饮酒成为超80%年轻人最享受的饮酒状态。

不仅如此，酒类消费受众也正悄悄发生变化。2021年3月24日，CBNData发布《2021女性品质生活趋势洞察报告》，数据显示，年轻人正成为线上酒类消费主力军，且90后女性酒水消费人数已经超过男性，其人数增速也显著高于男性。此外，该报告分析，多元细分、新潮尝鲜、健康微醺、香甜果茶味成为当代青年酒水消费的四大趋势。英国媒体FoodBev Media也将“含酒饮料”列为2020年食品饮料五大趋势之一。

（二）白酒类茶酒品类举例

时至今日，琳琅满目的茶酒产品已经逐渐走进人们的生活，成为许多茶人酒友生活中不可或缺的一部分。除了上文述及的调饮茶酒之外，现在，人们遵循千年古籍记载，继承珍贵的古方遗产，融合现代科学技术，创造出独特的茶酒酿造工艺，用茶叶成功酿制出茶酒，这是华夏民族酿酒史上一次创新性革命。自20世纪80年代以来，我国各产茶省市研制生产的白酒类茶酒约有十多种，举一些案例介绍如下。

1.“星湖”牌茶酒

重庆星湖茶酒厂建于2004年12月，坐落于著名的茶叶生产基地永川区。2005年该厂推出“星湖牌”茶酒，它选用优质大米、糯米为主要原料，采取箕山天然山泉，配入茶山竹海的优质茶叶，采用传统工艺和现代科学技术相结合的手段陈酿而成。“星湖牌”茶酒以茶叶为主原料，发酵45天后静置5~8天榨汁，萃取原生风味的茶原浆酒，进而与米原酒酸碱平衡调配制成，产品为褐色、有茶香、略带茶叶的涩味，有少量沉淀。2012年为香港邵氏集团所收购。当前，以邵氏茶酒系列产品流通较多，而以星湖茶酒的产品形式销售的较为少见。

2. 翰坊纯茶酒

大连翰坊酒业有限公司2006年成功研发出了以茶叶为原料发酵蒸馏的纯茶酒，其茶酒系列产品已成为大连市政府的宴会用酒。翰坊纯茶酒号称是以台湾阿里山海拔1800米高山有机茶为原料，用水取自大连旅顺口区老铁山世界候鸟栖息地保护区内的地下山泉水。目前，“翰坊茶酒”已通过ISO9001质量管理体系认证和ISO14001环境管理认证体系，并于2007年通过了世界最严格的食品检测机构瑞士易孚迪机构的检测，成为不少中外买家优选私人定制用酒。从产品旧图中可以看出，该茶酒颜色带有茶汤的橙黄色。当前，该茶酒未能在各大电商平台找到，公司官网上也没有详细产品信息，该茶酒产品加工工艺和品质仍待考证。

3. 邵氏茶酒

香港邵氏茶酒在众多知名专家、院士的精心指导下，充分利用中国千年茶山竹海的纯天然生态资源，取上品茶叶入料，深山农家有机鲜米发酵，配以独创酸碱平衡专利技术优势，通过多年不断地艰难探索和技术创新，成功研制了符合现代消费潮流的高品质新型养生酒，其口感更具“绵柔爽净，醇香回味”，被认为是“茶香型”的养生酒，其主要产品有铁观音茶酒、普洱茶酒、Sosixo等。铁观音茶酒，精选叶

国内外市场上现有的主要白酒类茶酒产品

肉肥厚、叶色青翠欲滴的茶叶，经凉青、晒青、摇青、炒青、揉捻、包揉、焙干等工艺，成清香雅馥的铁观音佳品，用先进科学酿造工艺及酸碱平衡专利技术与米原酒一起酿造成茶酒，香味醇厚，回味甘鲜。普洱茶酒以品质最佳的春尖和谷花为原料，经萎凋、杀青、揉捻、晒干、蒸压、干燥等特殊工艺制成普洱茶，用先进科学酿造工艺及酸碱平衡专利技术与米原酒一起酿成茶酒，润滑细腻、浓郁醇厚。Sosixo则是该公司的一款高端产品，以其平滑柔和的口感，温暖琥珀的色泽，隐约醇厚的茶香为主要特色。以邵氏锌硒茶酒为例，该茶酒采用茶叶入料共同发酵工艺，酒精度50%vol，酒体呈红褐、有沉淀。

4. 湄窖茶香型白酒

湄潭县是贵州省著名的优质茶叶产地。贵州湄窖酒业有限公司前身是中国贵州湄潭酒厂，是贵州传统名优酒生产骨干国有企业之一，所出产的浓香型白酒曾在1988年德国莱比锡世界博览会上获得唯一白酒金奖。2011年，民企中尔实业集团出资将其收入囊中便踏上了白酒老字号的复兴之路。公司确定了“百年湄窖、中国飘香”的营销目标，实现浓香、酱香、茶香三香并进的产品策略。鉴评会上，茶香型白酒备受关注，该酒系在保持传统浓香白酒中多种微量元素的同时，增加了茶叶的锌、硒及茶多酚等有益成分。

该酒通过茶叶与粮谷共同发酵、蒸馏，将茶多酚和咖啡因等物质融入酒中而制成。该工艺在保持传统浓香白酒中多种微量元素的同时，增加了茶叶的锌、硒及茶多酚等有益成分。产品具有“入口茶香浓郁、酒体绵柔”的特点。

5. 晴隆茶酒

晴隆茶酒是以贵州晴隆县无公害茶园的优质茶叶以及山泉水、蔗糖为原料，经独特创新的生产工艺发酵、蒸馏、贮藏、调配而成的绿色健康饮品。产品色泽透明、醇香浓郁、茶香怡人，入口软绵、爽净，不辣喉、不上头，酒后口不干、吐气清新无酒臭味，茶酒中所富含的茶多酚（40~66毫克/升）、氨基酸、咖啡因等多种微量元素对人体健康具有一定的保健功效。其中，茶多酚具有消炎抑菌，降低血脂、血压，抗氧化、抗衰老、抗辐射、抗突变，防癌、防心血管疾病等作用；咖啡因还具有强心利尿、消除疲劳、增进食欲等作用，是一种自然生态、绿色健康、品位高雅、内涵丰富的“酒中新贵”饮品。

自2010年11月成立以来，贵州古安南茶业开发有限公司投资建设年产5000吨茶酒系列产品项目。目前，项目一期建设规模已具备年产300吨茶酒系列产品的生产能力，并生产贮存有成品茶酒120多吨，产值3000多万元。晴隆茶酒，填补了晴隆县无高档酒的空白。

6. 泸州老窖茶酒“茗酿”

泸州老窖酒传统酿制技艺有大曲制造、原酒酿造、原酒陈酿、勾调尝评等多方面的技艺，工艺的形成和发展始于元代。其“1573国宝窖池”作为行业唯一的“活文物”，于1996年被国务院颁布为“全国重点文物保护单位”，“国窖1573”酒因此成为中国白酒鉴赏标准级酒品。而茗酿由中国酿酒大师沈才洪领衔的专家级科技研发团队，用实力、匠心，圆梦东坡，创造性地将茶与酒两种不同文化创新融合的茶酒新力作，不仅凭借富有东方神韵的产品设计和外观风格实力圈粉，更重要的是以现代高科技生物萃取技术提取茶叶中精华因子，融入泸州老窖优质基酒，同时保留云南滇红核心产区纯天然高山茶叶芬芳，具有“入口柔、吞咽顺、茶味香、醉酒慢、醒酒快”的典型特点，实现茶与酒的完美融合。并作为茶酒中的标杆产品，在二十国集团（G20）会议期间成为专供酒。目前茗酿系列有40.8%vol、50.8%vol、萃绿52%vol三款，产品无色透明，含茶氨酸或儿茶素或茶挥发性物质等茶叶特征成分，具有茶香和一定生理功效，满足现代人对品质生活的追求。

茗酿系列茶酒：泸州老窖的重要增长极

茗酿集高颜值、高品质、高涵养于一身，再追求“风味+健康”双导向的同时，旨在倡导更加绿色健康的饮酒方式和品饮生活。“茗酿·萃绿”作为泸州老窖高端绿色生态健康养生酒，以“绿色生态·智慧酿造”为品牌理念，从深山秘境生态古树中萃取茶芽精华，以创新科技实现茶酒的跨界融合，深度诠释着科技智慧与绿色生态之美。因为稀缺，所以稀有。高山生态古树茶的难能可贵，高端萃取技术的突破创新，时尚前卫的东方美学设计，对大健康时代消费趋势的超前预见，共同成就了茗酿·萃绿非同寻常的产品价值。

二、茶酒产业发展建议

近些年，茶酒在国内酒水市场中像是一匹黑马、脱颖而出、令人瞩目。尽管市场上茶酒饮品百花齐放，但是从食品工业化生产、销售的角度分析，能真正把茶酒做成知名品牌，并以商品的形式在市场上流通的仍不多见。但相对国外市场，因为茶酒特殊的中国属性，国内茶酒产品已经陆续迈入了市场化、商品化阶段。目前，主要包括上海的RIO微醺茶酒、浙江健尔茗茶汽酒、香港邵氏信阳毛尖茶酒、安徽茶汽酒、四川邛崃蜂蜜茶酒和湖北陆羽茶酒，以及当下茶酒的标杆——茗酿茶酒等等。但是茶酒的市场还有以下几个问题特别值得关注。

首先茶酒的品类界定不是十分明确。很多人顾名思义地认为茶酒就是茶和酒的简单融合、有的人又认为茶酒中有茶的一些功能性存在，甚至将茶酒和养生酒、保健酒混为一谈。被称为“有史以来对美国营销影响最大的观念”——《定位》（艾·里斯，杰克·特劳特合著）一书中认为明确清晰的市场定位是成功推向市场的关键一步。那么对于茶酒市场而言，让消费者知道什么是茶酒？是茶酒企业在宣传的时候最要关注的一点。要让消费者知道何为茶酒像知道什么是可口可乐、什么是龙井茶、什么是铁观音茶一样，一提到茶酒，消费者脑海中就能够形成一幅画面或者一种感觉。茶酒产品界定不明，是目前茶酒市场中各种问题的一个重要原因。

茶酒的品牌层出不穷、鱼龙混杂、真假难辨。把一片叶子放进酒里也有人称它为茶酒，这就意味着茶酒行业的进入门槛太低，技术要求不高。所以各种酒企业简单的添加一些茶元素进去就开始做茶酒了，一些茶企简单的添加一些酒的元素进去也开始做茶酒了。而且做茶酒的企业也越来越多所以我们认为一定要用技术来正本清流。至于茶酒品牌，我们认为，个人生产的茶酒或者小企业组织单位小规模生产的茶酒，凡是没有上市流通的、没有形成一定知名度和影响力的，应属无品牌的茶酒。而上市流通的，有一定知名度和影响力的茶酒，我们将之认为是有品牌的茶酒。像茗酿一样，代表了目前茶酒标杆，其特殊工艺下使得茶酒能够充分的融合，以这样的技术支持为标准生产的茶酒、才能够被认为是新时代的茶酒。

随着茶酒工业的发展，也给茶酒的加工技术提出了更高的要求。目前，在众多的新产品中普遍存在产品质量不稳定，主要是因为原料品种和质量不合格，加工工艺和设备不够先进，工业化程度低等问题，从而导致产品质量不稳定，有些新产品刚上市不久，就出现质量问题，主要表现在颜色加重、茶香变淡、严重者有失光、沉淀等现象。“左边一个‘酉’，右边一个‘良’，用良心酿酒，是为酿；对酿造美酒的每一个细节都斤斤计较，精益求精，是为‘匠心’。”这是沈才洪大师的经典名言，而名言的背后是养生酒业所孜孜不倦追求的“工匠精神”。产品质量不稳定必然影响产品的市场信誉，这是值得高度警惕的问题。因此，需要采取有效的解决措施，防止浑浊沉淀的产生，防止茶酒色泽的褐变，防止加工过程中香气成分的散失以及不良气味的产生。同时，茶酒目前还没有较为明确的行业标准，这也是现代茶酒市场的一个重要问题。

茶酒在宣传上存在科学根据少、华而不实的情况。很多茶酒企业把茶的功能性结合酒的功能性进行盲目的宣传。但是实际上很多是没有实验数据的支持的。那么这些宣传就存在华而不实的情况。宣传要讲究实事求是，宣传的功能性一定要有数据的支撑，这也是一种对消费者负责的态度。

茶酒的消费者在对茶酒的认知上存在一定的误差。很多消费者把茶酒认为是养生保健酒，那么他们在饮用了一段时间后，如果保健效果不是那么的明显，消费者将不会再相信茶酒产品。而且，如果将茶酒等同于养生保健酒，那么消费者在潜意识中会有“健康的人不用饮用养生保健酒”的潜意识，那么更多广大的健康消费者将不会把茶酒当作自己酒水消费的第一选择。

现代茶酒市场还有一个重要的痛点就是消费场景不明确。茶酒的消费场景究竟在哪里？是日常送礼、朋友相聚或是一人独饮。因为目前市面上存在的茶酒大多数都是低度茶酒，那么在朋友相聚的场景下茶酒便不是第一选择。到底是谁需要茶酒？到底茶酒是在哪些场景下被消费？这是我们要深刻思考的地方。

最后考虑到现代茶酒市场的一个关键点是茶酒品饮范式的制定。茶有茶艺、酒有酒技。茶酒也应该有自己的一套标注的品饮范式。目前生产茶酒的企业大多数在这上面还没有进行深入的研究。

针对茶酒产业的发展现状与痛点，中华全国供销合作总社杭州茶叶研究院张士康建议：

一是标准建设。工业化生产的茶酒，必须具有稳定的产品质量。茶酒虽由来已久，但商品化、市场化起步较晚，当前暂无国家、行业、地方等相关标准，产品的生产、储运、销售等管控、标准体系亟待建立。

二是技术攻关。随着茶酒工业的发展，也给茶酒的加工技术提出了更高的要求。探明茶酒生化功效及作用机理，强化茶酒易变色、失光、沉淀等应用技术难点攻克，研发个性化、功能化、差异化的创新产品。

三是市场开拓。目前，茶酒产品对于消费者仍较陌生，需要强化信息传播，推介新兴理念，开展国际交流，密切行业协作，注重品牌宣传等一系列措施，使展、会、技、贸真正融合。

四是文化继承。加强茶与酒的历史属性、加工工艺、品饮方式、文化底蕴等的传承，茶酒产品终将在新时代新机遇中薄发。

每一个新兴品类的出现，市场的教育成本必不可少。总的来说，传统的消费者从开始根本不知道“茶酒”为何物，到听说茶酒、接触茶酒、品饮茶酒的那一刻刹那间的惊艳开始，茶酒就已经来到了人们的生活之中、开始被人们认识、逐渐的认可、并被消费。但市场永远是千变万化的，打破传统行业类目已经成为每个品牌走向成功的必经之路。茶酒作为茶和酒两个世界级饮料的“天之骄子”，其市场前景可谓是未来可期。

曾经，“我有故事，你有酒吗？”
成为风靡一时的流行语。
如今，“我有故事，你有茶酒吗？”
新的故事或许就要展开。

第三节 茗酿的故事

茗酿是现代茶酒的典型代表。

一、茗酿茶酒的综合品质

茗酿是泸州老窖打造的极具差异化核心竞争力的健康养生白酒，是泸州老窖的一颗明珠、养生酒业扛鼎力作。作为泸州老窖战略大单品、品质创新的领跑者，茗酿承载了中国白酒品质、品牌、文化、健康四大特征，脱胎于白酒又高于白酒，是中国白酒健康化的高级形态之一，更是中国白酒在香型品质上的重大创新和突破。茗酿代表了中国白酒国际化的最新成果与典型代表。

茗酿是茶酒大花园中的牡丹，当得上国色天香。它以泸州老窖为基酒，采用茶、粮独立发酵技术，并通过现代蒸馏技术分别制得酒基、茶提取物，最终进行调配、混合或再加工制成的饮料酒。

（一）茗酿的定位清晰准确

茗酿茶酒在产品定位上非常清晰。健康养生酒成为中国白酒新的消费增长极，也将成为下一个时代风口，健康化、时尚化、智能化和国际化也是未来中国白酒的发展趋势。而茗酿就是在这种市场背景下应运而生，抓住了市场机会点，以泸州老窖酒为酒基，加入茶叶天然萃取因子而成，基于传统白酒市场，定位健康养生新型白酒。40.8度和50.8度的酒的度数说明其不是一款低酒精含量的茶酒饮料，是一款真正让茶酒相融的茶酒产品。对消费者而言，茗酿的出现使他们更明白了新茶酒和药酒、保健酒、养生酒之间的区别。

（二）茗酿的内涵具有高科技含量

从内涵上看，茗酿以现代高科技生物萃取技术提取茶叶中精华因子，融入泸州老窖优质基酒，同时保留云南滇红核心产区纯天然高山茶叶芬芳，含有茶氨酸或儿茶素或茶挥发性物质等茶叶特征成分，具有茶香和一定生理功效。

在技术攻关上有高水平固态酿酒中心和高水平茶叶研究院共同护航。茗酿茶酒的技术攻关与产品研发始于20世纪80年代，由中华全国供销合作总社杭州茶叶研究院茶叶深加工团队组成。先后几代研究人员的共同努力下，历经30余年技术研发，最终在泸州老窖实现成果的转移转化与技术升级，创制了“茶缘”“钧客”“茗酿”等几代产品。今后，茗酿产品的技术与产品研发还会在泸州老窖与中华全国供销合作总社杭州茶叶研究院双方技术团队的攻关下不断升级。从2015年开始，泸州老窖养生酒研发团队经过多次原料筛选、酒体设计、感官分析，产品市场测试及优化升级后，2017年上半年形成现有茗酿产品。茗酿产品问世至今，泸州老窖与中华全国供销合作总社杭州茶叶研究院团队从产品品质、核心技术、品牌定位、历史文化、健康属性等方面精心打造，为其市场推广奠定基础。

（三）茗酿的口感完美融合

茗酿不仅凭借富有东方神韵的产品设计和外观风格实力圈粉，具有“入口柔、吞咽顺、茶味香、醉酒慢、醒酒快”的典型特点，实现茶与酒的完美融合。中国酒业泰斗秦含章在品鉴茗酿以后赞不绝口，认为茗酿是健康茶酒，通过延年益寿来实现它的主旋律。中国工程院刘仲华院士作为茗酿推介大使，在不同场合盛赞茗酿，曾用泸州老窖茗酿招待来自日本筑波大学的三个朋友，友人在喝过之后念念不忘，对茗酿入口醇厚的口感记忆犹新，并称赞茗酿乃佳酿。

（四）茗酿的研发团队由精英组成

产品创制团队堪称大名鼎鼎。产品由中国酿酒大师沈才洪与茶业跨界开发专家张士康领衔的专家级科技研发团队，用实力匠心圆梦东坡，创造性地将茶与酒两种不同文化创新融合成一款茶酒新力作。

（五）茗酿的至尊荣耀

标杆产品的荣誉，使其能够成为G20会议期间的专供酒。目前茗酿系列有40.8度、50.8度两款，满足了现代人对品质生活的追求。

（1）泸州老窖第一代茶酒产品：茶缘·钧客

（2）泸州老窖第一代茶酒产品G20特制：茶缘·钧客

（3）泸州老窖第二代茶酒产品：茗酿

（4）泸州老窖第二代茶酒产品：茗酿·萃绿

茗酿茶酒的迭代升级

茗酿历经几代更新，上一代产品“茶缘”更是成为杭州G20峰会的重要产品。

在入选G20用酒的过程中，茗酿团队学习并实践了习近平主席的“茶酒论”思想，习近平主席用茶酒表达出和而不同与多元一体的中国主张，也正是茗酿茶酒文化的核心内涵精神。

二、茗酿茶酒推广的多彩智慧

（一）茗酿有效的传播途径

茗酿在宣传推介上共享传统茶与酒的业界资源，打通销售渠道。茗酿近些年在全国各地一二线城市进行了大规模高规格的茗酿茶酒品鉴推介会。影响了几十万人次的精准客户。同时，茗酿依托泸州老窖股份有限公司的渠道优势等资本，使得茗酿快速融入市场。此外，茗酿作为泸州老窖与中华全国供销合作总社杭州茶叶研究院双方共同研制的茶酒产品，由中华全国供销合作总社杭州茶叶研究院张士康领衔，由施海根研究员、朱跃进研究员等行业资深专家全程跟进为茗酿的“茗”技术代言。同时根据茗酿的推介活动差异化需要，曾特邀茶界两位中国工程院院士陈宗懋先生和刘仲华先生、中国酒业协会名誉理事长王延才先生、浙茶集团董事长毛立民先生、江南大学生物工程学院院长许正宏先生做科技报告，还特邀中国工程院刘仲华院士、浙江大学王岳飞教授、中国茶艺泰斗童启庆教授、中国茶文化名人王旭烽教授、杭州艺福堂茶业有限公司首席执行官李晓军先生等作为茗酿在茶界的推介大使。

茗酿依托泸州老窖的品牌资源等优势，已经在市场中形成知名度和影响力。在全国50个中大型城市进行了茗酿品牌推介会，已经有了较大的消费者群体。茗酿以高颜值、高品质、高涵养来要求自身，倡导更加健康的饮酒方式，从而敲开了茶界大门。

在品牌文化上溯源中国茶酒文化。泸州老窖与中华全国供销合作总社杭州茶叶研究院团队在茅盾文学奖获得者王旭烽教授、江南大学食品文化研究所所长徐兴海教授等专家的大力支持下，通过“茶酒起源与迭代考证”“茶酒技艺与品鉴探索”及“茶酒现代升级与诠释”，客观梳理了茶酒的起源与发展，深度挖掘了茶酒内含的技艺与品鉴融合文化，充分诠释了新时代茶酒的文化内涵。此外，泸州老窖通过

（1）“中国茶酒文化”编撰项目启动仪式

（2）茗酿品牌导师部分留影：江南大学生物工程学院院长许正宏（左一）、中国–欧洲文化艺术体育协会主席马文俊（左二）、中国酿酒大师沈才洪（中）、茅盾文学奖获得者王旭烽（右二）、中国茶叶博物馆馆长吴晓力（右一）

（3）茗酿·萃绿专家鉴评会合影

（4）日本筑波大学沼田治（左一）、武政徹（中）、永井明彦（右一）三位研究茶与健康的教授

（5）意大利红酒协会会长卢卡·马佐勒尼

业界专家助力茗酿推介活动

茗酿茶酒的文化跨界碰撞宣传创意

精心设计将茗酿融入端午、七夕、中秋、重阳等中国传统佳节和城市地标，传承中国节日文化的同时，践行国家“文化兴国”战略，让东方文明走向世界；创新打造趣味化、多元化的推广平台，搭建起“茗酿·风味研究所”；加入“毕加索&达利真迹展”，与国内当代青年艺术家合作，实现“艺术+酒”的跨界碰撞。

（二）茗酿前沿的周边创意

泸州老窖股份有限公司在茶都杭州先后筹建了茗酿庄园和茗酿科技馆，搭建茗酿产品科技与文化输出的展示窗口和平台。2019年12月，茗酿团队更是在浙江省杭州市，这个被誉为人间天堂的灵秀之地建立了茗酿庄园。这一个以中国美酒——茗酿为主要元素并集合了餐饮、住宿、会议、休闲等功能的茶酒庄园。紧接着又于2020年8月在杭州龙坞茶镇建立了茗酿科技馆，暨茗酿产品、文化、科技体验中心，让更多的消费者能亲身体验、了解茗酿产品的内含文化，并在现场交流、互动中碰撞出更多的火花。

（三）茗酿多样的市场布局

在市场布局上，茗酿总体上实现了全国化的点状布局，形成了四川、江苏、江西、北京、河北、浙江等具有强辐射力的高地市场。未来将会持续深耕成都市、泸州市两大基地市场；重点打造以北京与河北为中心的京津冀版块、以河南–山东为中心的中原版块、以江苏为中心的华东版块、以江西–湖南为中心的华中版块、以广东为中心的华南版块五大核心市场；持续布局甘肃、陕西、山西、福建、东三省、云南等机会市场；另外，基于茗酿的茶酒两栖属性，进一步整合茶叶渠道资源。

茗酿科技馆（杭州）

泸州老窖养生酒业通过茗酿家宴、茗酿夜宴、茗酿盛宴等不同规格、不同规模的品鉴模式，持续打造“跟着茗酿去旅行”等主题活动，不断强化茗酿休闲养生文化、茗酿时尚养生文化、茗酿美学养生文化等养生文化属性，同时结合消费圈层的个性化特征，采取了一系列更有针对性的个性化培育举措，有效扩大和巩固了泸州老窖养生酒的消费群体，进一步加快了产品的动销速度。

现在，茗酿正大步迈入高质量发展的新赛道，未来也必将成为中国酒类一个新的增长极，泸州老窖养生酒业系统地研判出了茗酿品牌成长三部曲。

（四）茗酿长远的战略规划

成长第一部曲，“从星火到燎原”。未来2~3年，将是茗酿酒“星星之火成燎原之势”的布局阶段，公司将实施茗酿酒“全国化布局、重点化突破”的营销战略，系统打造茗酿的“新名酒”属性。

成长第二部曲，“从小众到大众”。未来3~5年，将是茗酿酒“从小众走向大众”的成长阶段，茗酿酒不仅是泸州老窖战略大单品，也将成为白酒行业中最耀眼的创新大单品。

成长第三部曲，“从潮流到经典”。未来5~10年，将是茗酿酒“从潮流走向经典”的成熟阶段，将真正成为白酒行业创新品类中最具价值的名酒品牌之一。

茗酿荣誉

茗酿	2017年	2017年度“青酌奖”十佳酒类新品
	2017年	“2017香港国际美酒展”银奖
	2017年	中国酒业最具价值品牌
	2017年	“中国酒类产品包装设计创意大赛暨最美酒瓶设计大赛”优秀设计奖
	2018年	荣获中国酒业年度评选“中国酒业最具创新价值品牌”
	2019年	第九届深圳国际营养与健康产业博览会产品金奖
	2019年	茗酿荣获2019中国酒业金樽奖“中国酒类明星产品”
	2019年	茗酿荣获“中国酒业最佳产品创新奖”
	2019年	茗酿荣获酿酒工程人才与技术产学研创新战略联盟年度大会中荣获“文化创新创意新品”奖
	2020年	2020首届天府文创大赛金奖
	2020年	2020四川特色旅游商品大赛金奖
	2021年	2021中国工业和信息化部消费品工业司“升级和创新消费品指南（轻工 第八批）”入选产品
	2022年	茗酿·萃绿荣获2021年度酒类新品“青酌奖”

［参考文献］

[1] 韩琳，曾荣妹，谌永前，等. 茶酒的活性功能成分及风味物质的分析研究[J]. 酿酒科技，2014（6）：98-101.

[2] 刘锐，黄佩鸾，刘本国. 发酵型茶酒生产工艺[J]. 食品研究与开发，2011（4）：111-114.

[3] 罗惠波，董瑞丽，卫春会，等. 配制型红茶酒的研制[J]. 中国酿造，2010（8）：185-187.

[4] 彭小东，唐维媛，张义明. 茶酒的生产工艺研究[J]. 中国酿造，2011，30（9）：185-187.

[5] 邱新平，李立祥，倪媛，等. 发酵型茶酒澄清剂的筛选[J]. 茶叶科学，2011（6）：537-545.

[6] 王家林，王煜，吕丽丽. 茶酒的保健作用[J]. 食品研究与开发，2011，32（8）：133-136.

[7] 王雪飞，秦瑶，金刘洋，等. 茶酒的研究进展[J]. 科技创新与应用，2016（30）：12.

[8] 卫春会，罗惠波，豆永强. 我国茶酒生产现状及发展[J]. 酿酒科技，2007（10）：126-127.

[9] 张士康. 全价利用，跨界开发——中国茶产业优化突破有效路径探索[J]. 中国茶叶加工，2010（2）：3-5.

[10] 张帅，董基，陈少扬. 发酵型铁观音茶酒的研制[J]. 食品工业科技，2008（10）：159-161.

[11] 中食报大健康产业. 年轻人独爱“微醺”“酒＋”系列成饮料跨界新潮流[EB/OL]. 2021-02-22. https://www.sohu.com/a/451912477_120698250.

第六章　当代茶酒的审美品鉴

——茶酒的万千滋味

CHAPTER 06

茗酿

第一节 茶酒的美学

茶酒是一款深刻涉及生活美学的风物。较之于分门别类的茶与酒，茶酒的美学理念更为东方哲理化，更为完整与均衡。

美学是一个哲学分支学科，是研究人与世界审美关系的一门学科。美学研究的对象是审美活动，是人的一种以意象世界为对象的人生体验，是人类的一种精神文化活动，它既是一门思辨的学科，又是一门感性的学科，与心理学、语言学、人类学、神话学等有着紧密联系。故我们至少从理性和感性层面，都要对茶酒进行基本的介绍。

茶与酒虽然是物质形态的饮料，但在本质上都离不开精神饮品的属性，可以说没有人文精神性，茶、酒这两种饮品就根本不可能存于人世。在契合人类精神生活的功能性上，它们各自扮演着各自的角色。

总体上说，它们最大的本质不同，在于茶为狷，就是精行俭德，有所不为；而酒则狂，就是超越限制，积极进取。它们各有各不可取代之处，如果品饮适当，自然便都是君子。

而这样的饮料，在自始至终陪伴中国人的历史岁月中，于多大程度参与塑造了中国人的国民品格；又在多深层面上提升了文化的内涵哲理，使其成为一种能够表达中国人普遍信仰生活的文化符号；这种哲理表达又在全部的中国哲学思想史坐标上占有何等的地位，这都是我们可以进一步研讨的内容。

一、酒的文化美学品相

酒的美学品相，体现在酒的美学形态，主要从传统的儒释道精神与酒的关系中体现出来。如乐生养生的酒文化观，政体与酒仪规的法相庄严，饮酒中的逍遥风雅倜傥。

（一）中国世相中的酒美学形态

1. 乐生养生的酒文化观

中国人虽然也爱喝酒，但并没有诞生西方式的酒神，也没有专门的国家层面上的酒神大节，更没有在酒文化的基础上产生的古希腊悲剧艺术。历史上的中国人也有自己的酒神，但他们总体代表着的是专业之神，而非尼采《论悲剧精神》中的高度抽象理性和形上的酒神。

中国没有西式的酒神崇拜，与中国人对酒的精神价值判断有关，中国人的饮酒，建立在中国人生命观的乐生精神之上。酒不是砌筑心中块垒、而应是消除块垒而品饮的。饮酒也不是为了正怼苦难，通过牺牲获取崇高感的西方酒神精神。中国人的民族性是重视生命本体在自然中的和谐生存，活着并生活着，这是最高的理想，最有意义的生命本质。故而养生观渗透在各个方面，酒亦作为药酒，助生疗生。作为人的精神的承载——肉体与心灵的愉悦，成为饮酒的最高目标。

2. 酿与禁双管齐下的酒政

因为强调酒在乐生养生中的作用，如何合理饮酒也成为审美重要层面。中国人的饮酒心态，与佛教禁酒也有重要关系。素食是中国汉传佛教的特色，中国历史上，对于中国汉传佛教素食戒律的形成，影响最大的事件首推梁武帝，自公元551年始，中国汉传佛教的僧伽全面素食，并形成了独具中国汉传佛教特色的素食传统。

3. 酒礼文化的确立

中国式的酒文化，主要体现在儒家君子式的酒礼文化上。以礼达仁，建立在儒家文化基础上的酒礼，是儒家文化对酒文化的最大贡献。西周产生了一系列的酒礼规范，饮酒须讲究酒礼和酒德。该内容在第二章《茶酒人生》已述，此处不再赘述。

自宋代始，人们强调节饮和礼饮，至清代，礼饮的规矩一条条出来，约束自己也劝诫世人，如《酒箴》《酒政》《觞政》《酒评》等。清代人张晋寿《酒德》这样说：量小随意，客各尽欢，宽严并济。各适其意，勿强所难。由此可以看到清代奉行的礼饮规范的具体内容。

两千多年来，儒家所倡导的酒德、酒礼思想对于抑制耗粮折财和酗酒闹事、醉酒伤身，对于倡导文明礼貌和各阶层人们的和谐共处，都发挥了积极作用。中国酒史如此之长且尚酒之风又如此普遍，但酗酒之害却并不严重，很重要的一个原因，就是儒家酒德、酒礼思想的政治教化、酒务政策相结合，使得中国酒文化始终沿着法制化、礼仪化的方向在发展。

（二）政体与酒仪规的法相庄严

建立在国家与民间集体活动上的宴饮，制定了许多的程序，来凸显法礼与秩序的庄严。自古以来，无论是在民间还是政府之间，宴饮活动一直是普遍存在的社会现象，帝王宴饮活动举办的缘由很多，诸如朝廷或皇帝的喜事、帝王祭祀、封禅、庆贺节日、成功宴等。史料记载，汉代24位帝王，在位时间388年，宴饮总次数大约80余次；唐代帝王21位，在位时间289年，宴饮次数580余次，酒在其中自然就成主角。

西周始建立了一套比较规范的饮酒礼仪，成了礼制社会的重要礼法之一。饮酒礼仪概括为4个字：时、序、效、令。

时：严格掌握饮酒时令，冠、婚、丧、祭或喜庆典礼的场合下进饮，违时视为违礼；

序：饮酒时，遵循先天、地、鬼、神，后长、幼、尊、卑的顺序，违序也视为违礼；

效：饮时不可发狂，适量而止，三爵即止，过量也视为违礼；

令：酒筵上服从酒官意志，不能随心所欲，不服也视为违礼。正式筵宴，尤其是御宴，都要设立专门监督饮酒仪节的酒官，有酒监、酒吏、酒令、明府之名。他们的职责，一般是纠察酒筵秩序，将那些违反礼仪者撵出宴会场合。古人饮酒，倡导“温克”，即是说虽然多饮，也要能自持，要保证不失言、不失态。教人不做“三爵不识”，狂饮不止的人。所谓三爵，指的是适量，量足为止，这也就是《论语》所说的“惟酒无量不及乱”的意思。

有一些民俗习俗，也体现了酒礼仪规。比如未饮先酹[①]酒，酹指洒酒于地。在祭神祭祖祭山川江河时，必须仪态恭肃，手擎酒杯，默念祷词，先将杯中酒分倾三点，后将余酒洒一半圆形。又比如端杯敬酒，讲究“先干为敬”，受敬者也要以同样方式回报，否则罚酒。这一习俗由来已久，早在东汉，王符的《潜夫论》就记载了“引满传空”六礼，就指要把杯中酒喝干，并亮底给同座检查。

（三）饮酒中的逍遥风雅倜傥

酒是人际关系的催化剂，对于中国人而言，其实质体现了中国的人际关系文化，其间蕴藏着伟大的东方智慧。通过对古人饮酒的了解，我们能体会到：酒并非单纯的乙醇与肉体搏斗，而是人与人灵魂的交融，是识别我与世界关系的过程。人们爱喝酒，或者热爱饮酒的场面，往往与敏感的认知和高度的审美有关，且各个朝代各有特色。几千年来约定俗成，主要有以下通行礼数可供归纳。

1. 道人的鲲鹏展翅逍遥饮

相较于儒家背景下的“酒礼”，道家的制度约束是要少得多了。建立在乐生养生观念上的逍遥饮，是以中国道家哲学为源头的饮酒精神。我们知道，道家与酒的

---

① 酹（lèi）。

关系可谓相伴相生。有一种观点认为，正是中国的炼丹术促进了中国蒸馏酒的产生。东汉时期能够产生蒸馏酒，也正是中国酒文化和中国传统文化共同发展的结果，其中一个重要条件就是道家的炼丹术为蒸馏酒提供了蒸馏技术。汉代葛洪在《抱朴子》一书中记载战国炼丹术时，就记述了很多蒸馏术。进入西汉以后，由于封建统治者为“长生不老丹”而提倡炼丹，乃使采掘汞砂、炼制丹砂即硫化汞的冶金术十分盛行，尤其是烧丹炼汞，即升炼水银，必须掌握升华技术或蒸馏技术。当这种技术发展到一定阶段，就很自然地被引用到蒸馏酒的生产实践中去了。

创立了道家文化的庄周主张物我合一，天人合一，齐一生死。庄周高唱绝对自由之歌，倡导“乘物而游”“游乎四海之外”“无何有之乡”。宁愿做自由的、在烂泥塘里摇头摆尾的乌龟，而不做受人束缚的昂首阔步的千里马。追求绝对自由、忘却生死利禄及荣辱，正是中国酒神精神的精髓所在。

道家的逍遥自由与酒是天生有机缘的，道教所信仰的“道”是逍遥之途，是自由的象征。它无所不在，却又无形无象，虚渺混沌，只能依凭高深的内觉和静观方能感悟，这需要“坐忘”和“炼气”。奇妙的是，道家的信仰者们发现，酒的酣醉与醺然使人沉入混沌，令人暂时忘却或消除生与死、苦与乐、人与我的种种差别，于忘却中重返生动活泼、自由无羁的生命自然与率真本性，这正是道家所孜孜追求的自然德性的复返与重归。庄子深深领悟到饮酒的真谛，《庄子》“渔父”中他借渔父之口阐发什么是“真”时说：“饮酒则欢乐”“饮酒以乐为主，就是‘真在内者，神动于外，是以贵真也。’”因而，道教的仙群中喝酒最有名的“醉八仙”几乎成为明清以来神仙逍遥不羁形象的代表和酒仙的象征。

2. 因醉酒而获得艺术的自由状态

这是古老中国的艺术家解脱束缚获得艺术创造力的重要途径。“志气旷达，以宇宙为狭”的魏晋名士、第一“醉鬼”刘伶在《酒德颂》中有言：“有大人先生，以天地为一朝，万期为须臾，日月为扃[①]牖[②]，八荒为庭衢。”“幕天席地，纵意所如。”“兀然而醉，豁然而醒，静听不闻雷霆之声，孰视不睹山岳之形。不觉寒暑之切肌，利欲之感情。俯观万物，扰扰焉如江汉之载浮萍。”这种“至人”境界是中

① 扃（jiōng）：从外面关闭门户用的门闩、门环等。借指门扇。
② 牖（yǒu）：窗户。

国酒神精神的典型体现。

翻开中国文学艺术史，就是一部酒神精神舞蹈的历史。“李白斗酒诗百篇，长安市上酒家眠，天子呼来不上船，自称臣是酒中仙。”道士爱酒，是与其热爱自由逍遥、自然恬淡的人生观紧密相关。药酒正是在道家文化背景下诞生的酒类，“松下问童子，言师采药去，只在此山中，云深不知处。”师父采的正是泡酒的草药吧。都说愤怒出诗人，诗人往往举杯消愁。

陶渊明爱喝酒，归隐田园后，诗词里多写到饮酒：“性嗜酒，家贫不能常得。亲旧知其如此，或置酒而招之；造饮辄尽，期在必醉。”喝酒就一定要喝醉，醉了就能暂时忘却一切，进入梦中的桃花源。何况是那样一个政治格局动荡的时代，选择隐居的他通过饮酒，暂时逃开纷乱的尘世，采菊、种柳、饮酒共同建立了他的精神家园。

3. 因酒诗性与酒民俗结合而成的酒令、斗酒和劝酒文化，形成中国特有的酒席游戏

酒令是中国特有的宴饮艺术，是中国酒文化的独创。它用来活跃气氛，调节感情，促进交流，斗智斗巧，增强宴饮酒兴。通行的情况是：与席者公推一人为令官，负责行令，大家听令；违令者、不能应令者，都要罚酒。其实酒令也是一种劝酒游戏。酒在中国文化中本是一个和谐因子，是融洽氛围的催化剂，重视的是“仁者爱人”的关系。在这种文化体系中，饮酒本身的愉悦与否排在其次，重点在于情感沟通与表达的酣畅程度。通过酒令，斗酒和劝酒就成为酒桌上非常重要的内容。各民族都有这一类专门的迎客礼仪，结合着诗诵，歌唱，舞蹈，言语段子等种种形式，甚至酒器也往往成为劝酒中的道具，使饮酒往往成为一场丰富的艺术享受过程。

二、饮茶的美学精神

人类品茶中美学精神的真正确立，是从唐人茶圣陆羽开始的。陆羽（公元773—804年）为唐代复州竟陵（今湖北天门市）人。他一生嗜茶，精于茶道，工于诗词，善于书法，因著述了世界第一部茶学专著《茶经》而闻名于世，流芳千古。其实，陆羽的才华远不囿于一业，他博学多能，是著名诗人，又是音韵、书法、演艺、剧作、史学、旅游和地理专家。公元780年，陆羽的《茶经》定稿付梓，从此成为古代中国茶文化的灵魂人物和集大成者。《茶经》三卷共分十章，七千多字，著述历时近30年，凝聚了陆羽大半生的心血，不但系统地总结了种茶、制茶、饮茶的经验，而且将儒、释、道三教思想的精华和中国古典美学的基本理念融入茶事活动之中，把茶事活动升华为富有民族特色的、博大精深的高雅文化，为饮茶开创了新境界。《茶经》首次把饮茶当作一门艺术来对待，创造了从烤茶，选水，煮茗、列具到品饮等的一套中国茶艺，建构了新的茶美学意境，茶文化由此真正诞生。

儒家通过茶寻求人与人、人与社会之间的真理，道家通过茶寻求人与自然之间的通途，佛家通过茶开启人与身心的灵魂之门。这些由先人积累与沉淀下来的精神遗产，作为文化命脉，至今还滋养着我们。

（一）儒家精神浸润下的中国茶道

中华茶文化是从唐代开始确立的，各路专家学者对中华茶文化有各种定义和解读。编者的定义为：人类与茶相关的人文精神及相应的教化规范。而“中国茶道”则是中华茶文化的核心理念，茶圣陆羽虽未直接体现“茶道”二字，但他在《茶经》中写道：“茶之为用，味至寒，为饮最宜精行俭德之人……”这里，陆羽提出了以“精行俭德”，作为品饮的茶文化精神核心，即中国茶道精神。

“茶道”二字最早出现在唐诗中，与陆羽亦师亦友的释皎然（公元730—799年）在《饮茶歌诮崔石使君》中提到，诗云：“一饮涤昏寐，情思爽朗满天地。再饮清我神，忽如飞雨洒轻尘。三饮便得道，何须苦心破烦恼……孰知茶道全尔真，唯有丹丘得如此。”从中可知饮茶过程对精神所起的作用。此后，唐御史中丞封演在《封氏闻见记・饮茶》一章中又写道：“有常伯熊者因鸿渐之论，广润色之，于是茶道大行”。从上述文献可知，是《茶经》确立了茶道的表现形式与内在精神，释皎然赋予了茶道名实。而封演则进一步描述了茶道在唐时的发展境况，第一个提出“茶道”二字的茶僧皎然，调和了儒家的礼仪伦理和道家的羽化追求，以三饮循序渐进，将茶性融为一体，达到陶冶情操、修身养性、超然物外的人生境界，对后世茶道发扬光大有着深刻的影响。茶道，作为茶文化核心精神，正是陆羽提出的“精行俭德”。

儒家作为中国社会两千年来统治阶级的主流文化意识，也是茶文化的主体，它以“仁”为核心，以“礼”为规范，以茶祭祀，以茶润生，以茶怀逝，以茶为德。晚唐时期的刘贞亮，在前人总结的饮茶功能基础上列举出茶的“十德”，即散郁气、驱睡气、养生气、除病气、利礼仁、表敬意、尝滋味、养身体、可行道、可雅志。茶十德包含了茶叶对生理及精神方面的功效，其中“以茶利礼仁”“以茶表敬意”“以茶可雅志”“以茶可行道”，此四条纯粹是谈茶的精神作用，是以儒家学说为其文化背景的。儒家文化的教化精神实践、礼仪程式设置与内心道德诉求，自春秋至秦汉以后历史阶段的茶事中也不断呈现，展示了时代中人们的政治理想，文学情怀、生命体验与茶之间的关系。

综上所述，我们可以发现，以礼达仁是儒家文化对茶道的最大贡献。

（二）道家精神中茶的乐生养生

而道家作为中华民族的本土文化，视自然为道，将茶视为灵丹妙药，对茶文化的贡献，在于达观乐生、养生的生命态度。

中国的道教，以崇尚自然、返璞归真为主旨，认为高山是神仙之所居。所谓“仙”，《释名・释长幼》云：“老而不死曰仙，仙，迁也，迁入山也”。道教理想的成仙修道环境，应是白云缭绕、幽深僻静、脱俗超尘、拔地通天的名山。而好山好水，必出好茶。

道家对生命的热爱，对永恒的追求，都深深地渗透在其自然观中，这可以从茶被神农发现的最初传说中来，神农在道家神话中是以道家人物大成子的身份出现的，而一切神话、传说都深深印刻着人类实践与劳作的痕迹，从而成为人类文化的基因。所谓天人合一，实际上是说人本是自然一部分，生存便有其自然属性。道家的气功和炼丹便是开发人的自然潜能。因为道教爱生命，重人生，乐人世，以人的肉体在空间与时间上的永恒生存作为最高理想，故茶的养生药用功能与道家的吐故纳新、养气延年的思想相当契合。

大多宗教都鼓励人们追求死后天国的乐园生活，而道教却无比的热爱生命，直接否定死亡，认为光阴易逝，人身难得，只有尽早修仙，才能享受神仙的永久幸福和快乐。道教这一内涵特质所体现的是，重人生，乐人世。这也正是古人崇奉仙道的原因所在。这一中国茶道的重要内容，正是在两晋间形成的。

道教、玄学与饮茶习俗形成的关系，深刻地影响了茶文化的发展。道教与茶结缘，以茶养生，以茶助修行；玄学家崇尚清淡高雅，而茶正有这种特性。可以说，乐生养生是道家文化对茶道的最大贡献。

（三）茶禅一味中的茶文化

佛教文化自汉代从西域传至中土，与茶相结合，呈现出特有的茶禅一味精神。供茶悟禅，以禅入茶，茶禅互补，视其为一种修心、养性、开慧、益思的手段，传达饮茶与禅境的交融，茶味与禅意的融合。僧人嗜茶，与其教义和修行方法有关。茶能清心、陶情、去杂、生精。具有“三德”：一是坐禅通夜不眠；二是满腹时能帮助消化，轻神气；三是“不发”，即能抑制性欲。而中国禅宗的坐禅，很注重五调，即调食、调睡眠、调身、调息、调心，所以饮茶最符合佛教的生活方式和道德观念。

唐代佛教各宗相继形成，尤以禅宗独盛，修行人喝茶坐禅之例很多，形成了“茶禅一味”的和尚家风。唐代佛教的兴盛，是已经孕育在中国文化子宫中的茶文化能够形成的重大原因。佛教文化和茶文化的紧密结合，是唐代茶文化的重要特征。茶禅一味是佛教文化对茶道的最大贡献。所谓的茶禅一味，应当就是茶性与禅意相互渗透而形成的修心、养性、开慧、益思的意境与手段。茶与禅，这两个分别独立的存在通过悄然互渗合二为一，是一个容量很大、范围很广、内容丰富的文化境况。究其展现内容，大约有以下几点。

1. 茶与农禅的相结合

唐代怀海禅师居百丈山，作《百丈清规》，确立茶在佛门的地位，为禅意的修炼建立牢固深远的物质基础。其中有对茶礼的规制，包括以茶敬佛的奠茶，包括化缘时的化茶，包括接待僧俗时的普茶。从此佛家茶礼正式出现。

2. 茶与修行坐禅的相结合

禅宗浸染的中国思想文化最深，它形成了以沉思默想为特征的参禅方式，以直觉顿悟为特征的领悟方式；以凝练含蓄为特征的表达方式。

3. 茶与平常心相和

饮茶为禅寺制度之一，寺中设有“茶堂”，相当于接待厅，是客来敬茶的地方。还要有“茶头”，那是专管茶水的僧人；还有饮茶时间，茶头按时击“茶鼓”召集僧众敬茶、礼茶，饮茶。如此，喝茶成为和尚家风，日常生活天经地义的一部分。

4. 茶事活动与禅宗仪礼相契

茶在禅门中的发展，由特殊功能到以茶敬客乃至形成一整套庄重严肃茶礼仪式，最后成为禅事活动中不可分割的一部分，最深层的原因当然在于观念的一致性。禅意不立文字，直指本心，要到达它，唯有通过别的途径，而茶的自然性质，正可作为通向禅的自然媒介。故而，茶助禅，禅助茶，逐渐形成佛门庄严肃穆的茶礼、茶宴。

5. 佛与茶的艺术化

佛教文化是我国古代文化的重要组成部分，茶在其中成为重要的审美对象。中唐时期，僧侣在寺院举行茶宴已很风行，吸引了地位不高的官吏，官场受挫的政客，不满现实的文人，他们谈经论道，品茗赋诗，以消除内心的积郁，求得精神的解脱。比如唐代大诗人白居易嗜茶写的茶事诗，多是在遭贬江州司马之后，而有着高深学养的高僧们写茶诗、吟茶词、作茶画，或与文人唱和茶事，丰富了茶文化的内容。故郑板桥有联总结：“从来名士能评水，自古高僧爱斗茶。”

与此同时，华夏诸多饮茶民族对茶有着自己特有的理解，茶从古巴蜀的崇山峻岭中走来，其生命形态与西南少数民族间的生存形态相依相存。例如，德昂族认为茶不仅生育了日月星辰，也生育了人。又说茶叶有100片叶子，50片单叶变成50个小伙子，50片双叶变成50个姑娘，相互通婚才生育了人类。可见茶在人类发展史上也有过十分荣耀的地位。因此，茶在这些民族心中，是创世纪的祖先，是他们的图腾、保护神，其精神意义十分重大，他们同样构成了中华民族的传统文化精神，与汉文化圈的儒释道精神共同建架起中国茶道的精神内涵。

三、茶与酒的审美中和——茶酒

茶酒的美学品格，来源于中国传统文化的本质，用两个字说，就是“中和”。中国，以“中”为国，中也者，本性具足、本性完善的境界；“和”也者，本性彻底实现出来的完满境界。所以，中就是做事恰如其分，恰到好处；和就是把这个恰如其分，恰到好处而完美地体现出来。儒家学说，侧重于人与人、人与社会之间的和谐；道家文化，注重人与自然宇宙之间的和谐；佛教文化，注重人与自我、灵与肉之间的和谐，因此，中华民族是一个以“和”为文明基调的民族，这也是数千年文明得以延续的根本原因。

归纳茶与酒的品格，我们会发现，人类青睐于这两大饮料是有根本缘由的。茶的精神本质是内敛精行、控制欲望、养育德行、保护体格、坚守初心、和谐世界；而酒的精神则在奋勇奉献、热情洋溢、豪迈壮烈、不怕牺牲、慷慨赴义。这两种品相，正可以象征人类精神中最高贵卓越的部分。由她们滋润人类心灵，何其有幸哉。

而将茶与酒的不同品质中和在一个瓶子里，形成新的审美需求，正是茶酒的贡献。

茶酒的审美特质，应该就是复调的对峙和缠绵——以茶的柔韧来对应和控制酒的奔放，又以酒的热烈来催发茶的激情，使自由的感觉与清醒的意识同在，浪漫的诗意与明晰的理性共享。人在这样的品饮中，得到的是安全、惬意和平衡。所以，茶酒无疑将是人类品饮生活中越来越被关注的品类。

第二节 茶酒品鉴程式与技法

茶酒的品饮与众不同，它有属于它的品饮法和技巧。它集中了传统白酒的饮法、同时又加上了现代红酒的品饮法，同时，它也有茶饮的技能，如在闻香上。当然，在器具和包装上，它也将会有自己独特的方式。总之，这将是一种创新的制法，也需要有创新的品饮法去与它相配。

一、酒的品鉴原则

要了解茶酒的品饮方法，首先要了解中国传统酒是如何品饮的。中华酒文化是在不断发展和成熟的，一次次突破的酿酒工艺，规矩严格的饮酒礼仪，不断出现的精美绝伦的酒器，无不体现着中国酒的深厚底蕴。什么样的身份用什么样的酒器，敬酒怎样敬，饮酒怎样饮都是有一定的规矩的，中华酒文化，是酿酒和饮酒的内涵和文化韵味的外延，是酿酒、饮酒、论酒的知识的总集。

品酒是人们享用美酒、欣赏美酒的行为。也是鉴别酒的好坏的主要方法，它是技艺的表现，是品尝技艺之道，我们称之为品酒之道。它包括酒的质量水平评价，精神享受愉悦度，食品风味感受度，酒品安全评价，典型风格的辨别，生产的合理性的评价。中国酒道中酒的风味品尝之道，解析酒的品尝目的、作用和方法。在人们饮酒生活中，需选择自己喜爱的酒，实现饮酒的乐趣和满足感，感悟出酒的典型风格、酒的醇香、醇厚、醇甜、醇味。达到文明、健康、适量饮酒，这都需通过品酒来完成和实现。

简单来说，品酒就是通过人的感觉器官体验酒的色、香、味判断所带来的感受和反应，是人感官接触酒产生的物理、化学、心理反应和作用，感受体会酒的风味特点，享受给人带来的愉悦。品尝、体验通过视、嗅、尝产生的感受形成精神境界。

品酒是酒文化系统中重要核心部分，离开品酒谈不上酒文化，中国酒文化也可理解为喝出来的文化。酒只有被人们饮用了，才会产生巨大的精神和物质作用。因此酒的优劣是重点，而酒分辨优劣途径是通过人的感觉器官来完成，即感官品酒。喝酒提升到一定境界才称得上品酒。

品酒，可分为细酌慢饮的品鉴型喝法、适量满足豪饮型喝法、只品不喝的品评型喝法。还有欢乐饮，猜拳行令、豪爽干杯，吟诗对联趣味饮和适量健身饮。品酒是一门学问，需通过“观、闻、品、悟”等品鉴顺序来体验细微的差别，感受酒体的复杂性，方能享受其中。白酒品评主要关注五个方面：外观、气味、口味（滋味）、口感和风格。

酒爱好者的品酒，那是出于爱好和喜欢，酒是一种成分复杂多变的产品，它自始至终处于变化状态，所以需要通过品尝来“验证”它是否朝着好的方向演变，是否达到一定的成熟度，是否达到了最佳饮用状态。茶酒品鉴原则应在白酒品鉴原则的基础上，增加对茶香茶味的考量，两者协调统一。

二、白酒的品鉴技法

古人们品饮白酒的酒道，或是因时代局限——当时白酒本身酒体风格不够丰满而以花草香气熏蒸弥补，或是文人聚首赏花赏月共品宴饮的欢乐。而今，作为消费者来讲，主要是通过色、香、味来体验白酒风格。

品鉴酒，主要有五个步骤，依次为静、观、闻、品、悟。

首先，第一个步骤是静。静，是一种心境，对于喜欢酒的人来说，保持一个好的心情品饮白酒，既是对酒的尊重，也能令人体会到饮酒的乐趣。

放松之后，来到第二个步骤，观，拿起手中的酒杯，仔细观察这杯酒，主要是看酒的色泽和透明度，好酒晶莹剔透，像水晶一样纯洁透明。好酒的微量元素非常丰富，所以酒体黏稠，挂杯度好。

观完酒液，第三个步骤是感受酒的味道。将酒杯放置于鼻下1~3厘米处，轻轻地、均匀地吸气，再移开酒杯呼气，能感受酒的香气。好的酒醇香扑鼻、幽雅悦人、自然协调。

闻完香味，我们进入第四个步骤品，品酒不同于饮酒，每次入口的酒液是一小口，让酒液缓慢平稳地进入口腔，使酒液先接触舌尖、然后到舌头两侧，再铺满舌面最后再缓缓入喉。酒进入口腔后，我们轻轻咂几下嘴唇，让味道通过你的口腔，并从鼻腔中溢出，充分地进行香和味的感受。好酒绵甜柔和、协调净爽、醇厚饱满、回味悠长。

对于酒的品位，每个人都有不同的感受，有人说品酒如品人生，品酒悟道，多以品完酒的味道，还需转入精神层面的感受，第五个步骤是悟。品酒与喝酒的区别在于感悟，只要有敏锐的感觉和灵性，付出相应的耐心和时间，就可以领略其中的玄妙和悠然。

三、茶酒品鉴技法

中国人相信，无酒不成敬。酒字，从水，从酉，是中国文化乘物而游的精神源泉，也是礼敬天地、热爱生命的情感之歌，美酒好客，满满的一杯酒，象征着最圆满的祝福。茶酒与时俱进形成了一套独特的品鉴技法，接下来我们进入茗酿美妙的品饮世界。

（一）茶酒的品鉴样本介绍

茗酿，是以泸州老窖优质基酒，结合现代生物技术萃取天然草本植物活性健康因子，两者融合而成现代健康养生白酒，具有入口柔、低醉感、不上头、醒酒快、不宿醉、少负担、品之轻松更尽兴的特点，是一款养生价值和风味口感兼具的新时代白酒。它在具备优质白酒所有特点的同时，保留云南滇红核心产区纯天然高山茶叶芬芳，具有“入口柔、吞咽顺、茶味香、醉酒慢、醒酒快”的典型特点，满足现代人对品质生活的追求。

茗酿味道轻柔香馨、醇合甘爽品，悦于轻松低醉的植物馨香。美酒自己会说话，倒上一杯茗酿，细观酒体，净雅天成，晶莹剔透，无悬浮物沉淀物。轻轻转动酒杯，酒液悬挂到杯壁，如丝绸般缓缓而落，称作挂杯，茗酿因其所含微量成分非常丰富，因此酒体黏稠，挂杯度良好，印证了它是一款美酒。

品饮茗酿时，它带来的感官之美更加淋漓尽致。在口腔中细细品味植物的馨香与美酒的甘洌；慢慢吞咽感受美酒的柔和滑过喉间的舒爽；从咽喉流入胃部，如暖玉般温润顺滑，而后暖流回绕于胸，鼻腔顿开，茶香馥郁，酒韵与茶香渐渐合而为一。

茶酒茗酿的出现，在品饮上完全打破了传统酒类带给人们的固有体验。它入口柔、醉酒慢、醒酒快等特点，在满足爱酒人士“健康舒适”的饮酒体验的同时，也营造了一种“轻松愉悦”的消费氛围，减轻现代人饮酒后负担，倡导了“健康养生酒”消费流行风尚，这也对大健康时代创造轻松尽兴、快活自在的生活方式大有裨益。

茗酿茶酒诠释中国美酒的大美之境与极致美学

（二）茶酒品鉴步骤

第一步：选杯斟酒

酒杯的选择需要保证方便观察酒体，又要避免体温影响。国标标准白酒品酒杯50毫升郁金香品鉴杯最佳。

第二步：醒酒

茗酿中含有草本萃取的植物健康因子，需要醒酒10～15分钟，让酒体中的活性因子慢慢苏醒，柔和口感，释放酒香。

第三步：荡香观色

将酒杯置放在平行于视线20厘米处，仔细观察，杯中酒体是否晶莹剔透，有无悬浮物、沉淀物；然后轻轻转动酒杯，观察酒液是否能悬挂到杯壁，像丝绸般缓缓而落。

挂杯的不一定是好酒，但是好的酒一定会挂杯，因为好的白酒含有丰富的微量成分，酒体黏稠，挂杯度好。因此酒体黏稠，挂杯度好，这也是检验酒质好坏的一个标准。

第四步：活酒闻香

活酒的目的是为了更快地提升茗酿酒体的香味，帮助其植物健康因子更好地发挥作用。

我们将杯中酒液倒回分酒器，然后双手持分酒器，逆时针快速摇晃3~5圈。这时酒体蕴含的活性因子被激活，能加快人体乙醇代谢能力，减轻人体喝酒负担。

随后进行闻香。闻香时，只能对酒吸气，不可对酒呼气，因为呼出的二氧化碳会破坏酒体散发的醇香。将酒杯放置鼻下3厘米的位置，轻轻地均匀地吸气，再挪开酒杯缓缓地呼气，反复重复闻香动作，体会酒中散发的不同香味。此时，细细体会，会闻到在馥郁丰富的酒香之中，有一股淡淡的茶香翩然而至，这便是茗酿酒中草本精华的独特香味。

另外，还可以将自己杯中酒液倒一点在手心或手背上，用手指轻轻绽开，用您的体温使酒香充分挥发，体会酒中幽雅细腻、留香持久的独特香味。

第五步：品酒

美学之道，品于心，悦于形。让我们一同来感受这杯茗酿之味。

中国文字博大精深，三口为品，品酒也是如此。

第一口，轻抿1滴，紧闭双唇，酒液轻触舌尖，会感受到酒体的甘甜分外明显。让酒体在口腔中停留片刻，感受酒体的前调、中调、后调。

第二口，轻嘬2滴，双唇合闭，让酒液布满整个舌面，再缓入舌的两侧，一股清新淡雅的植物香气在口中缓缓散开，这是因为去掉了中国传统白酒中固有的窖香与曲香。

第三口，一饮而尽，酒液从咽喉流入胃部，如暖玉般温润顺滑，馥郁的浓香由腹而上，直达头顶。

此刻，暖流回绕于胸，鼻腔顿开，浓香融入身体，酒韵与身心渐渐合而为一。可以体会到茗酿，在酒的度数保持40.8 %vol、50.8 %vol的基础上，并没有明显的生涩和水味，反而呈现出酒体多香融合、层次丰满、平衡协调、雅韵留香的特点。这也正是我们常说的“高而不烈，低而不淡”这一泸州老窖酒传统酿制技艺的独到之处。

敬请观赏茗酿·萃绿创新品鉴技艺视频《萃绿七式》
（微信扫描二维码观看）

第六步：呵气留香

当一饮而尽之时迅速哈气，让酒气从鼻腔喷香而出，并举起空杯，同时感受喷香和空杯留香，让纯正丰富饱满的味道丝丝入扣、浑然一体。

注意事项：在选择品鉴杯时，切勿使用一次性塑料杯与纸杯，这些材料会影响观色、闻香和酒体口感。

茗酿品鉴活动

第七章

CHAPTER 07

当代茶酒调饮

——茶与酒的和合之美

茅堂对薇蕨，炉暖一裘轻。
醉后楚山梦，觉来春鸟声。
采茶溪树绿，煮药石泉清。
不问人间事，忘机过此生。

唐·温庭筠《赠隐者》

茗酿

第一节 茶酒调饮艺术

调饮是将两种或两种以上的酒水（含酒饮料与不含酒饮料的统称）按照一定先后顺序和比例混合，使其呈现最佳口感滋味。

茶酒调饮有两大种类，有以茶汤为基础饮品，配少量含酒精的饮料，加果蔬汁、奶品、冰块、中草药等增色调味，并将所有原料通过一定的方式混合成一种新的口味，最后用花、果等做点缀，调制成含有茶的低酒度混合饮料。另一类以酒为主，配以少量茶汤等其他原料混合调制，成为高酒度的混合饮料。

茶酒调饮具有色、香、味、形俱佳的特点，受到年轻时尚人士青睐。近几年比较流行的茶酒调饮可以看成是中式泡茶与西方调酒技法合理契合。西方比较盛行的一种饮用红茶的方式是将红茶和酒进行调饮，这种调饮方式在西方酒吧鸡尾酒调制中也比较常见。

茶，含蓄内敛；酒，舒张大气。茶酒碰撞，滋味万千。茶与酒都渗透在中国民间日常生活中。茶之茶氨酸是一种独特自由形式的氨基酸，是一种松弛剂，促进放松心情的同时不会导致困倦和其他副作用。酒之乙醇，引起中枢神经系统兴奋，使人兴奋激动。茶与酒两种极端，合理搭配，产生美妙的效果。

滋味是决定食品品质的一个重要因素。香气袭人、津津有味的食品不仅能增进食欲、促进消化和吸收，同时还给人一种愉悦的享受。茶酒，其调饮重点也在于滋味的完美呈现。茶属于温和饮料，酒是刺激性饮料，茶与酒虽有不同的属性，各具阴柔及阳刚之美，将茶的柔美甘滑、酒的阳刚勾调成风味独特的茶酒和茶鸡尾酒，深受爱好交往而又不胜酒力的人士欢迎。

随着茶文化的发展，茶艺编创、茶艺比赛活动特别活跃，茶艺节目呈现百花齐放的局面。近两年，茶酒调饮逐渐跃入大众视线，茶酒作品出现了演绎热潮，茶酒调饮时常出现在各大茶赛上，也常出现在各种喜庆欢乐的场合，显示出人们对茶酒调饮作品的喜爱。

一、调饮器皿

茶荷　盛放待泡干茶的器皿，形状多为有引口的半球形，用以观赏干茶外形，通常用竹、木、陶、瓷、锡等制成。茶荷的使用方法与茶则、茶漏类似，皆为置茶的用具，但茶荷更兼具赏茶功能。主要用途是将茶叶由茶罐移至茶壶。

茶杯　茶杯的功能是盛放茶汤，用以品茗。茶杯的种类、大小应有尽有。

茶漏　茶漏则于置茶时，放在壶口上，以导茶入壶，防止茶叶掉落壶外。

盖碗　盖碗或称盖杯，分为茶碗、碗盖、托碟三部分，置茶3克于碗内，冲水，加盖5~6分钟后饮用。以此法泡茶，通常喝上一泡已足，至多再加冲一次。

茶盘　用以承放茶杯或其他茶具的盘子，以盛接泡茶过程中流出的茶水或倒掉茶水。也可以用作摆放茶杯的盘子，茶盘有塑料制品、不锈钢制品，形状有圆形、长方形等多种。

茶则　茶则为盛茶入壶之用具，一般为竹制。

茶筴　又称茶筷，茶筴功用与茶匙相同，可将茶渣从壶中夹出。也常有人拿它来挟着茶杯洗杯，防烫又卫生。

茶巾　茶巾又称为茶布，茶巾的主要功用是干壶，于酌茶之前将茶壶或茶海底部衔留的杂水擦干，也可擦拭滴落桌面之茶水。

茶针　茶针的功用是疏通茶壶的内网（蜂巢），以保持水流畅通。

煮水器　泡茶的煮水器在古代用风炉，目前较常见者为酒精灯及电壶，此外尚有用瓦斯炉及电子开水机。

茶叶罐　储存茶叶的罐子，必须无杂味、能密封且不透光，其材料有马口铁、不锈钢、锡合金及陶瓷。

茶船　又称茶托或盏托，一种置茶盏的承盘。其用途以承茶盏防烫手之用，后因其形似舟，遂以茶船或茶舟名之。

公道杯　在古代，公道杯是汉族饮酒用瓷制品。现如今，公道杯常被用于茶具，茶壶内之茶汤浸泡至适当浓度后，茶汤倒至公道杯，再分倒于各小茶杯内。主要用于盛放茶汤，晾凉茶汤，均匀茶汤，观赏汤色。

茶匙　形状像汤匙所以称茶匙，其主要用途是挖取泡过的茶壶内茶叶，茶叶冲泡过后，往往会会紧紧塞满茶壶，加上一般茶壶的口都不大，用手挖出茶叶既不方便也不卫生，故皆使用茶匙。

平底无脚杯　它的杯体有直的、外倾的、曲线型的，酒杯的名称通常是由所装的饮品的名称来确定的。例如：

净饮杯　又称清饮杯，指一口就能喝光的小容量杯子。为能充分欣赏茶酒的颜色，最好使用无色透明的酒杯；

古典杯　又称为老式杯或岩石杯，原为英国人饮用威士忌的酒杯，也常用于装载鸡尾酒，现多用此杯盛载烈性酒加冰。古典杯呈直筒状或喇叭状，杯口与杯身等粗或稍大，无脚，其特点是壁厚，杯体短，有“矮壮”“结实”的外形。这种造型是由英国人的传统饮酒习惯造成的，他们在杯中调酒，喜欢碰杯，所以要求酒杯结实，具有稳重感；

海波杯　又称“高球杯”，为大型、平底或有脚的直身杯，多用于盛载长饮类鸡尾酒或软饮料；

哥连士杯　又称长饮杯，其形状与海波杯相似，只是比海波杯细而长，标准的长饮杯高与底面周长相等。哥连士杯常用于调制“汤姆哥连士”一类的长饮，饮用时通常要插入吸管；

库勒杯　形状与哥连士杯相似，只是杯身内收；

森比杯　是如烟肉一样的直筒杯。

矮脚杯　矮脚古典杯，具有传统古典杯的特点，同时，也具有矮脚。

啤酒杯　矮脚，呈漏斗状。啤酒气泡性很强，泡沫持久，占用空间大，酒度低至5°以下。故要求杯容大，安放平稳。矮脚或平底直筒大玻璃杯恰好予以满足。不过，这种酒杯造型比较普通，现在也有用各类卵形杯、梯状杯和有柄杯盛装阵酒的，甚至还有更高档的啤酒杯。

白兰地杯　白兰地杯为短脚、球形身杯，杯口缩窄式专用酒杯，用于盛装白兰地酒，也可用于长饮类鸡尾酒。这种杯子容量很大。

暴风杯　得名于杯子的形状像风灯（英文称风暴灯）的罩。

高脚杯　包括以下几类：

鸡尾酒杯：是高脚杯的一种。杯皿外形呈三角形，皿底有尖形和圆形。脚为修长或圆粗，光洁而透明，专门用来盛放各种短饮；

酸酒杯：常把带有柠檬味的酒称为酸酒，饮用这类酒的杯子称为“酸酒杯”，酸酒杯为高脚；

玛格丽特杯：为高脚、宽酒杯，其造型特别，杯身呈梯形状，并逐渐缩小至杯底；

香槟杯：用于盛装香槟酒，用其盛放鸡尾酒也很普遍。香槟杯主要有三种杯型：①浅碟形香槟杯：为高脚、宽口、杯身低浅的杯子，可用于装盛鸡尾酒或软饮料，还可以叠成香槟塔；②郁金香形香槟杯：是高脚、长杯身，呈郁金香花造型的杯子，可用来盛放香槟酒，细饮慢吸，并能充分欣赏酒在杯中气泡的乐趣；③笛形香槟杯：是高脚、杯身呈笛状的杯子。

葡萄酒杯：有红葡萄酒杯和白葡萄酒杯之分。其中，前者用于盛载红葡萄酒，也可用于盛载鸡尾酒。其杯型为高脚，杯身呈圆筒状；后者用于盛载白葡萄酒或鸡尾酒，其杯身比红葡萄酒杯细长。为了充分领略葡萄酒的色、香、味，酒杯的玻璃以薄为佳。

利口酒杯：为小型高脚杯，杯身呈管状，可用来盛载五光十色的利口酒、彩虹酒等，也可用于伏特加酒、朗姆酒、特基拉酒的净饮。

酒壶　酒壶有两种形式：一种称波士顿式调酒壶，另一种是标准型调酒壶。常用于多种原料混合的鸡尾酒或加入蛋、奶等浓稠原料的茶酒。通过调酒壶剧烈的摇荡，使壶内各种原料均匀地混合。标准型调酒壶又称摇酒壶，通常用不锈钢、银或铬合金等金属材料制造。目前市场常见的分大、中、小三号。调酒壶包括壶身、滤冰器及壶盖三部分。用时定要先盖隔冰器，再加上盖，以免液体外溢。使用原则，首先放冰块，然后再放入其他料，摇荡时间超过20秒为宜。否则冰块开始融化，将会稀释酒的风味。用后立即打开清洗。还有一种波士顿式摇壶（也称为波士顿式对口杯），它是由银或不锈钢制成的混合器，也有少数为玻璃制品。但常用的组合方式是一只不锈杯和一只玻璃杯，下方为玻璃摇酒杯，上方为不锈钢上座，使用时两座对口嵌合即可。

量酒器　量酒器俗称葫芦头，雀仔头，是测量酒量的工具。不锈钢制品，有不同的型号，两端各有一个量杯，常用的是上部30毫升、下部45毫升的组合型，也有30毫升与60毫升、15毫升与30毫升的组合型。

调酒杯　调酒杯别名“吧杯”“师傅杯或混合皿”是由平底玻璃大杯和不锈钢滤冰器组成，主要用于调制搅拌类鸡尾酒。通常，在杯身部印有容量的标记，供投料时参考。

吧匙　吧匙又称“调酒匙”，是酒吧调酒专用工具，为不锈钢制品，比普通茶匙长几倍。吧匙的另一端是匙叉，具有叉取水果粒或块的用途，中间呈螺旋状，便于旋转杯中的液体和其他材料。

调酒棒　调酒棒大多是塑料制品，可作为酒吧调酒师在用调酒杯调酒时的搅拌工具，也可插在载杯内，供客人自行搅拌用。

长勺　长勺调制热饮时代替调酒棒，否则易弯曲，酒味易混浊。

砧板　砧板用以切生果和制作装饰品。

果刀　果刀为不锈钢制品，用以切生果片。

长叉　长叉为不锈钢制品，用以叉取樱桃及橄榄等。

糖盅　糖盅用以盛放砂糖。

盐盅　盐盅用以盛放细盐。

托盘　托盘用不锈钢、塑料、木制均可，有供酒用和供食物用两种。

雪糕勺　雪糕勺为不锈钢制品，用于量取雪糕球。

奶勺　奶勺属不锈钢制品，用以盛淡奶。

水勺　水勺为不锈钢或塑料制品，用以盛水。

柠檬夹　柠檬夹用于夹取柠檬片。

酒嘴　酒嘴一头粗，一头细，装在瓶口后，控制酒的流量。

剥皮器　剥皮器通常用来剥酸橙或柠檬皮。

漏斗　漏斗用于倒果汁、饮料用。

开塞钻　开塞钻俗称酒吧开刀，用于开起红、白葡萄酒瓶的木塞，也可用于开汽水瓶、果汁罐头。

滤冰器　在投放冰块用调酒杯调酒时，必须用滤冰器过滤，留住冰粒后，将混合好的酒倒进载杯。滤冰器通常用不锈钢制造。

冰桶　冰桶为不锈钢或玻璃制品，为盛冰块专用容器，便于操作时取用，并能保温，使冰块不会迅速溶化。

冰夹　冰夹为不锈钢制，用来夹取冰块。

冰铲　冰铲是舀起冰块的用具，既方便又卫生。

碎冰器　碎冰器是把普通冰块碎成小冰块时使用的器具。

冰锥　冰锥是用于锥碎冰块的锥子。

特色牙签　特色牙签用以穿插各种水果点缀品，用塑料制成的，也是一种装饰品。也可用一般牙签代替。

吸管　吸管一端可弯曲，供客人吸饮料用，有多种颜色，外观漂亮也是一种装饰品。

杯垫　杯垫是垫在杯子底部，直径为10厘米的圆垫，有纸制、塑料制、皮制、金属制等，其中以吸水性能好的厚纸为佳。

洁杯布　洁杯布为棉麻制的擦杯子用的抹布。

无纤维毛巾　无纤维毛巾用以包裹冰块，敲打成碎冰。

二、茶酒调饮的装饰物的选择

通常茶酒调饮的装饰物多以各类水果为主，如樱桃、菠萝、橙子、柠檬等。不同的水果原材料，可构成不同形状与色泽的装饰物，但在使用时要注意其色和口味应与茶酒饮品保持和谐一致，并力求其具有较好的视觉效果。使用装饰物时，可尽情地运用想象力，并将各种原材料加以灵活地组合变化。装饰对创造茶酒饮品的整体风格、外在魅力有着重要作用。只有通过调酒师精心制作、装饰才能使一款茶酒成为一杯色、香、味、型俱佳的艺术品。

可以用来作为茶酒的装饰物。目前流行的茶酒的装饰物有以下类型：

（1）水果类　主要有柠檬、樱桃、香蕉、草莓、橙子、菠萝、苹果、西瓜、哈密瓜等。

（2）蔬菜类　主要有小洋葱、青瓜、樱桃、番茄、芹菜等。

（3）花草类　主要有玫瑰、热带兰花、蔷薇、菊花、薄荷叶、迷迭香叶等。

（4）饰品类　主要有花色酒签、花色吸管、调酒棒、杯垫、酒针等。

（5）酒杯类　主要有各种载杯以及各种异型酒杯。

（6）其他类　主要有糖粉、盐、豆蔻粉、肉桂棒等。

此外，还有一些装饰物是酒吧常用的标准装饰物，如青柠檬角挤汁用柠檬皮、青柠檬圈、橄榄、杏片、蜜桃片、刨碎的巧克力或刨碎的椰子丝、香料、泡状鲜奶等。

三、茶酒的装饰型式

茶酒调饮的装饰型式主要有点缀型装饰、调味型装饰、实用型装饰三种。

（一）点缀型装饰

点缀型装饰多使用水果类作装饰物，常用的有柠檬、橙、樱桃、菠萝、橄榄、草莓等，其他还有鲜薄荷叶、珍珠洋葱、橄榄、西芹等。这类装饰物应体积小，颜色与饮品相协调，同时要求与茶酒饮品的原味一致。

（二）调味型装饰

调味型装饰主要是使用有特殊风味的调料和水果来装饰茶酒饮品，并对茶酒饮品的味道产生影响。

（三）实用型装饰

茶酒饮品的服务离不开载杯、吸管、调酒棒、杯垫等，现在人们除保留其实用性以外，还专门设计成具有一定的特殊造型，具有装饰性和观赏价值。

第二节 花式调饮

一、花式调饮概述

花式调饮借鉴于花式调酒。花式调酒起源于美国，现风靡于世界各地。其特点是在正统的英式调酒过程中加入一些花式调酒动作，以及魔幻般的互动游戏，起到活跃气氛、提高娱乐性、与客人拉近关系的作用。花式调酒又被称为“美式调酒”，大多数花式调酒师也工作于美式酒吧中。美式酒吧的吧台和英式酒吧的吧台在构造上有所不同；其工作方法上也相对要轻松随意，美式吧台主要的构造原则是能以最快的速度为客人提供高质量的酒水，以及能够在吧台中任何地方服务客人并进行花式调酒。

花式调饮当今世界上非常流行的调饮式，花式调饮在调酒过程中融入了个性，可运用酒瓶、调酒壶、酒杯等调酒用具表演令人赏心悦目的调酒动作，从而达到吸引客人、愉悦客人、增加调饮个人魅力的目的，还能更好地与客人沟通，促销酒水等。同时，也会将整个调酒过程变得轻松随意、富有观赏性，高雅而不落俗套。

二、花式调饮的要求

花式调饮是以其花式调饮本领和表演能力而吸引消费者的。

首先，花式调饮应该熟练运用各种茶具和酒用具。花式调饮有的调饮具，如酒嘴、美式调酒壶、果汁桶等用具，这不仅是调饮需要的工具，也能使花式调饮在工作中提高工作效率并且轻松自如的表演。

其次，花式调饮不仅要掌握多种基本调饮法，还要在学习过程中掌握怎样用酒嘴控制酒水的标准用量，即自由式倒茶，以及如何在最短的时间调制尽可能多的饮料等。

茶酒花式调饮

另外，每位花式调饮师都要学习如何展现个人的表演风格。大部分花式调饮师很开朗健谈，良好的沟通总能使调饮创造恰当的谈话氛围。

优秀的花式调饮师，会不断探索、创新出高质量的茶酒奇的花式动作。调饮在练习过程中，要充分发挥想象力，不断创新及提高动作技巧。

三、花式调饮练习的注意事项

学习花式调饮应要到正规的调酒学校学习，并进行花式调饮练习。这样不仅能在练习中避免意外受伤，并且在学习动作方面也可以少走弯路，达到事半功倍的效果。

调饮在练习动作的过程中要有耐心，反复练习花式动作直到非常熟练的程度，并注意提高自己的心理素质，因为急于求成往往会起到相反的作用。花式调饮一般需要注意安全性和表演性。

安全性，即安全第一。注意在练习过程中保护自己和不伤害到其他人是最重要的。

表演性，在表演前使用专业的练习瓶练习将要表演的动作，达到非常熟练的程度。同时，还要发挥想象力，用一些俏皮的语言和表情提高表演观赏性、茶酒和服务。因为表演也是为客人提供一种服务，所以要注意在表演中坚持茶酒标准，不要让花式表演影响到所要调制的茶酒。

四、花式调饮训练内容

花式调饮要求调酒师不但能够调制出可口的茶酒，还要能在消费者的注视下表演优雅的调饮动作，这就需要调饮师能根据要求进行表演方面的练习，从而使调饮师在进行调饮表演过程中能更好地展现调饮技巧。

乐感训练：调饮师在表演过程中经常会伴随各式各样的音乐，所以调饮师的花式动作要与音乐的节奏配合，进行专门的训练。一次完美的调酒表演经常是在音乐中营造出良好的气氛。

舞蹈训练：只有漂亮且自如的动作才能给客人满意的感觉。因此，练习舞蹈可以使调饮师身体的协调性保持良好的状态，使花式调饮表演更加具有观赏性。

动作训练：使人眼花缭乱的动作是花式调饮的重点所在，调酒师为每一个动作编排出适合自己的花式动作，再进行不断地、刻苦地练习。

心理素质训练：在众多客人的注视下表演，必然要求花式调饮师具有良好的心理素质。花式调饮师在表演过程中，只能做自己有把握的动作，并且不要让偶尔的失手影响了后面的表演。

五、花式调饮常用动作及其要求

（一）常用动作

花式调饮师们具有一个共同的特点，就是以花式调饮方式制作饮料和以精彩的表演愉悦客人，花式调饮师在工作中最常用到的一些动作如下。

花式倒酒：右手握住瓶颈，与胸同高；将瓶子从身体的右侧抛起翻转一周，右手接住瓶颈部，酒嘴朝下，把酒液倒入另一只手拿的调酒壶中。

手背立瓶：用右手的拇指、食指、中指捏住瓶颈，手指发力向上提酒瓶，再让瓶身在空中垂直落下，将手伸平、手背向上，让瓶底朝下直立停在手背上。

后抛前接：右手握瓶向身后抛瓶，瓶子抛出的同时右手手腕向上勾瓶发力，使瓶从右肩上方飞向身前，右手迅速在身前接住瓶颈。

右抛左接：右手握瓶颈，与胸同高，向左手抛瓶，瓶抛出后旋转两周，左手接住瓶颈。

（二）动作要求

由于花式调酒通过表演动作串联调饮过程，难度远远大于英式调饮，因此在制作中应注意以下几点。

速度：调饮师要在调酒过程中提高鸡尾酒制作的速度。

组织：加强调饮与表演动作融为一体的组织能力。

精确：确保用酒嘴倒酒的精确性。

展示：展示花式调饮技巧，确保动作美观、协调一致。

六、倒酒注意事项

（1）手指与酒嘴之间必须紧密，但手要放松。

（2）酒嘴的气孔必须畅通，才能保持流量的稳定和通畅。

（3）倒酒时酒瓶必须在吧台上快速、稳健地倾倒；在停止倒酒时，断酒动作必须干净、利落且精确。

（4）自如倒酒的关键是：稳定、持续。因为稳定、持续地倒酒，可以使客人在享受花式调酒师配制的饮料时更添乐趣。

七、花式调饮的技法

（1）直调法就是将酒液直接倒入杯中混合即可。

（2）漂浮、添加法就是将一种酒液加到已混合好的酒液上，产生向下渗透的效果。

（3）果汁机搅拌法就是将所需酒业连同碎冰一起加入搅拌机中，按配方要求的速度搅拌。

（4）摇动和过滤法就是将所需酒液连同冰块放入波士顿摇酒壶中快速摇动后滤入酒杯。

（5）混合法就是把酒液按比例倒入波士顿摇酒壶，可根据配方加入冰块，把摇酒壶放在搅拌轴下，打开开关，搅拌8~10秒，把混合好的饮料倒入酒杯。

（6）搅动和过滤法就是将所需酒液连同冰块放入波士顿摇酒壶，搅动后滤入酒杯。

（7）捣棒挤压法在杯中用捣棒将水果粒通过挤压的方式压成糊状。

（8）层加法就是按照各种酒品糖分比重不同，按配方顺序依次倒入杯中，使其层次分明。每种酒液是直接倒在另一种酒液中，不加搅动。

第三节
花式调饮饮品

茶与酒，一静一动，具有不同的文化属性。茶与酒的配伍，是风味协同、功能强化的最佳表达。中华全国供销合作总社杭州茶叶研究院食品技术研究团队研发的茶叶风味诱导缓释专利技术，实现了茶叶高级风味组分与传统白酒风味的高效协同。酒分子团包围茶中清新自然的花果香，经历短暂的唤醒时间后，茶香即被缓慢释放，幽香持久。因此，将茶酒专属的DNA融入饮品中，可开启一段充满感官诱惑的沉浸式体验之旅。

一、茶酒与茶

糖印年代

配料

茗酿5毫升、方糖1块、老白茶10克、纯净水500毫升

比例

茶：水为1：30

茶水：酒为15：1

主要器皿

红酒杯（360毫升）、茶夹、咖啡匙、喷火枪、分酒器、炉煮（1套）、公道杯

推荐饮用时间

秋冬

调饮步骤

（1）泡茶　将老白茶加入煮茶壶内，倒入开水润茶，倒去润茶茶汤，加入500毫升沸水煮茶，煮开后持续煮5分钟即可关火，滤出茶汤备用

（2）备料　将茶汤倒入红酒杯中（150毫升）

（3）预制　在预先准备的方糖上，洒上适量的酒，使方糖湿润即可

（4）调制　在咖啡匙内放置一块方糖后，将其架于红酒杯上口

（5）做型　将茶酒轻轻浇灌在方糖上，使其充分浸润；再注酒至满匙，保持酒不滴落杯中；然后用喷火枪点燃方糖，待方糖燃烧殆尽后，用勺子将茶酒搅拌均匀，即可出成品

※ 糖印年代的调配过程

二、茶酒与茶、花草

永恒之美

配料

茗酿10毫升、蝶豆花1.5克、茉莉花2朵、茉莉花茶8克、蜂蜜8克（可用糖浆代替）、200毫升纯净水、冰块10粒、青梅1颗

比例

蝶豆花：水为1：100

茉莉花茶：水为1：12.5

主要器皿

盖碗、公道杯、摇酒器、冰块碗、咖啡匙、分酒器、冰块夹、玛格丽特杯（150毫升）、情调壶、冰块碗、竹签

推荐饮用时间

春夏

调饮步骤

（1）预制　将蝶豆花1.5克放入情调壶中，注水150毫升，浸泡5分钟（水温约70℃），待用

（2）泡茶　将茉莉花茶8克放入盖碗中，再将预先浸泡的蝶豆花水加热至95℃，用加热后的蝶豆花水冲泡茉莉花茶，闷泡2分钟，沥出汤（避免汤色浑浊）

（3）加冰　在等候茶汤时，打开摇酒器，加入冰块

（4）凉汤　将茶汤沥出，并将盛有茶汤的公道杯放入盛有冰块的容器中，快速冷却茶汤

（5）调配　在等待的过程中依次在摇酒器中加入蜂蜜8克、茶酒10毫升，并将用竹签插着的青梅斜放入杯中

（6）摇制　将冷却后的茶汤倒入摇酒器中，单手握紧摇酒器，利用腕力呈S型上下摇晃（右手大拇指在摇酒器的顶盖位置，食指与中指分开，握住杯身，左手大拇指压住摇酒器盖与杯身的盖和处，其余四指放置在底部，稳固摇酒器；举起摇酒器放置在左肩膀的位置，利用手腕与手臂的力量，有节奏地进行前后摇动），至冰块融化

（7）凉杯　在杯中加入适量冰块，达到冷却杯子的作用，待杯子冷却后倒出冰块

（8）做型　将调好的饮品倒入玛格丽特杯中，放置茉莉花2朵入杯做型，并将用竹签插好的青梅放置杯口装饰，即可出成品

※ 永恒之美的调配过程

玫瑰人生

配料

茗酿50毫升（浸泡玫瑰用）、干玫瑰花（2.5克）9朵、熟普洱茶5克、泡过玫瑰的茗酿10毫升、冰块10粒、蜂蜜15克

比例

茶：水为1：25

茶水：酒为10：1

主要器皿

盖碗、公道杯、摇酒器、冰块碗、咖啡匙、分酒器、冰块夹、香槟杯（210毫升）

推荐饮用时间

秋冬

调饮步骤

（1）预调　将7朵玫瑰花放入盛有50毫升酒的公道杯中，裹上保鲜膜，保持酒香不散，浸泡约2小时

（2）泡茶　将熟普洱茶放置壶中冲泡2分钟，出汤后在茶汤中加入2朵玫瑰花继续浸泡，并冷却茶汤

（3）调配　打开摇酒器，依次放入冰块、蜂蜜、浸泡后的玫瑰花酒及冷却茶汤

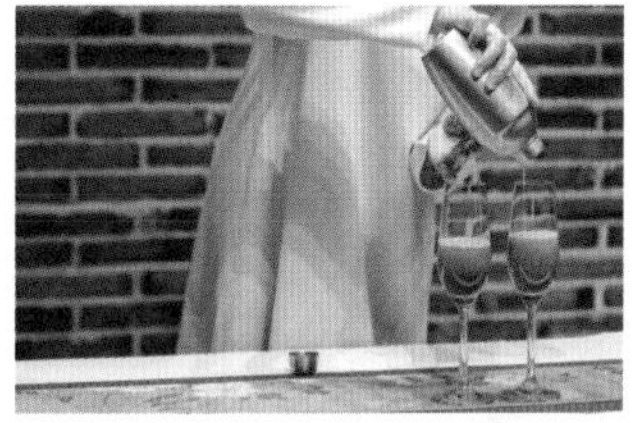

（4）摇制　单手握紧摇酒器，利用腕力呈S型上下摇晃（同上述案例），至冰块融化，有丰富的沫饽形成

（5）凉杯　在杯中加入适量冰块，达到冷却杯子的作用，待杯子冷却后倒出冰块

（6）做型　将调好的饮品茶汤倒入香槟杯中，再洒入2~3片玫瑰花瓣做型提香，即可出成品

※ 玫瑰人生的调配过程

三、茶酒与茶、花果

桃夭

配料

蜜桃乌龙茶汤80毫升，水蜜桃果肉80克，红石榴糖浆7克，茗酿茶酒20毫升，蜂蜜8克，柠檬1/4块，迷迭香1朵，苏打水150毫升

比例

茶汤：酒为4：1

主要器皿

雪克杯（360毫升），红酒杯（360毫升）量酒器，盎司杯，冰块夹，冰块碗，长搅拌勺，配料碟，捣棒

饮用时间

夏季

调饮步骤

（1）预制　将水蜜桃果肉放入雪克杯中捣碎，再放入6颗冰块

（2）备料　把蜂蜜、葡萄浓浆、茗酿茶酒、茶汤、柠檬汁依次放入雪克杯

（3）凉杯　在红酒杯中加入7块冰，待杯子冷却起雾后将冰块倒出

（4）调制　在酒杯中放入14颗冰块，并用长勺定型冰块，再倒入苏打水

（5）摇制　单手将摇酒器拿起，利用手腕的力量，S型上下摇晃（同前述案例），直到完全听不到冰块击打的声音即可停止

（6）做型　将摇制好的饮品倒入杯中，最后放上迷迭香定型，成品即出

※ 桃夭的调配过程

贵妃醉酒

配料

茉莉祁红茶汤40毫升，茗酿茶酒20毫升，荔枝果肉4颗，养乐多100毫升，荔枝浓浆25克，冰块15块，薄荷叶2片

比例

茶汤：酒为2：1

主要器皿

雪克杯（360毫升），高脚酒杯（200毫升）量酒器，盎司杯，冰块夹，冰块碗，长搅拌勺，配料碟，捣棒

饮用时间

夏季

调饮步骤

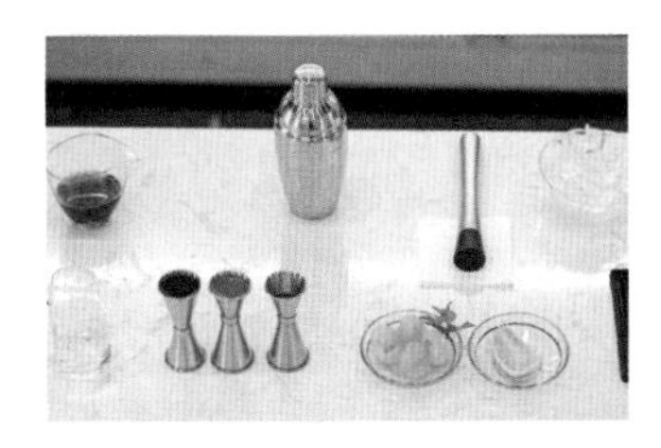

（1）凉杯　在杯中加入5块冰，待杯子冷却起雾后将冰块倒出

（2）预制　拍一片薄荷叶后放入杯中，在杯中再放入2块冰和一片薄荷叶，再放入块冰，并用长勺调整

（3）备料　在雪克杯中放入2颗荔枝果肉，并捣碎，再在酒杯中放入2颗荔枝果肉

（4）调制　在雪克杯中依次加入茗酿、荔枝浓浆、茶汤和3块冰

（5）摇制　单手将摇酒器拿起，利用手腕的力量，S型上下摇晃（同前述案例），直到完全听不到冰块击打的声音即可停止

（6）做型　将摇制好的饮品倒入杯中，加入养乐多，再放上1片薄荷叶做装饰，成品出

※ 贵妃醉酒的调配过程

黑莓枸杞

配料

武夷肉桂茶汤50毫升，茗酿茶酒15毫升，蜂蜜8克，新鲜枸杞2颗，黑莓3颗，冰块15块

比例

茶汤：酒为3：1

主要器皿

雪克杯（360毫升），马天尼杯（100毫升），量酒器，盎司杯，冰块夹，冰块碗，长搅拌勺，配料碟，公道杯，捣棒

饮用时间

夏季

调饮步骤

（1）预制　在雪克杯中加入3块冰，把黑莓放入公道杯捣碎，将黑莓汁倒入酒杯中

（2）凉杯　在杯中加入3块冰，待杯子冷却起雾后将冰块倒出

（3）调制　在雪克杯中依次加入蜂蜜、茗酿茶酒和冷却的茶汤

（4）摇制　单手将摇酒器拿起，利用手腕的力量，S型上下摇晃（同前述案例），直到完全听不到冰块击打的声音即可停止

（5）做型　将摇制好的饮品倒入杯中，放上新鲜枸杞做装饰，成品出

※ 黑莓枸杞的调配过程

金风玉露

配料

菠萝乌龙茶汤50毫升，茗酿茶酒15毫升，桃子果酱15克，蜂蜜20毫升，百香果1颗，柠檬1/4块和2片，对半切开的青柠2颗，柠檬片做蜷曲状，冰块15块

比例

茶汤：酒为3：1

主要器皿

雪克杯（360毫升），高脚杯（173毫升），量酒器，盎司杯，冰块夹，冰块碗，长搅拌勺，配料碟，捣棒

饮用时间

夏季

调饮步骤

（1）预制　在酒杯中加入5块冰，放入柠檬片贴壁，把块状柠檬放入雪克杯捣碎

（2）凉杯　在酒杯中放入5块冰，待杯子冷却起雾后将冰块倒出

（3）备料　在雪克杯中依次加入1颗半青柠、3块冰、冷却茶汤、茗酿茶酒、桃子果酱和蜂蜜

（4）摇制　单手将摇酒器拿起，利用手腕的力量，S型上下摇晃（同前述案例），直到完全听不到冰块击打的声音即可停止

（5）做型　在酒杯中加入百香果，将摇制好的饮品倒入杯中，放入半颗青柠和柠檬片做装饰

※ 金风玉露的调配过程

梅语

配料

妃子醉茶汤60毫升，茗酿茶酒10毫升，杨梅汁80毫升，杨梅（蜜饯）4颗，冻杨梅2颗，蜂蜜10毫升，冰块15块

比例

茶汤：酒为6：1

主要器皿

雪克杯（360毫升），饮料杯（180毫升），量酒器，盎司杯，冰块夹，冰块碗，长搅拌勺，配料碟，捣棒，公道杯

饮用时间

夏季

调饮步骤

（1）预制　2颗杨梅（蜜饯）和冰杨梅1颗放入雪克杯捣碎，再加入3块冰

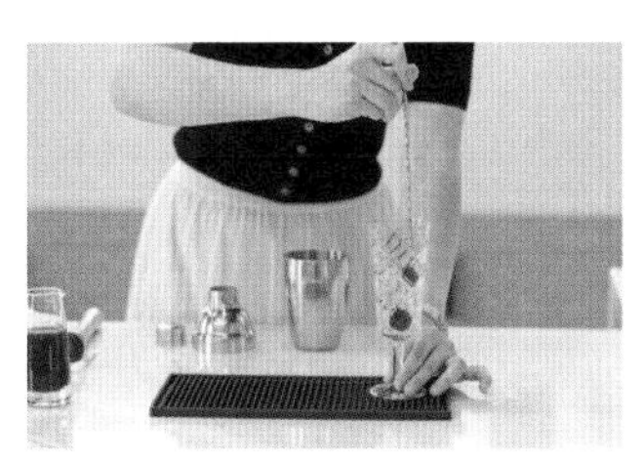

（2）备料　在酒杯中加入3块冰和2颗杨梅（蜜饯）

（3）调制　依次在雪克杯中加入杨梅汁、茗酿茶酒、茶汤、蜂蜜

（4）摇制　单手将摇酒器拿起，利用手腕的力量，S型上下摇晃（同前述案例），直到完全听不到冰块击打的声音即可停止

（5）做型　倒入摇制好的饮品后，放入一颗冰杨梅做装饰，成品出

※ 梅语的调配过程

秋意浓

配料

正山小种7克，茗酿茶酒15毫升，荔枝浓浆15毫升，冰块15块，柠檬片，蜂蜜，些许干桂花

比例

茶：水为1：14

茶汤：酒为6：1

主要器皿

盖碗，公道杯，雪克杯（360毫升），倒三角杯（150毫升）冰块夹，量酒器，盎司杯，冰块碗

饮用时间

秋季

调饮步骤

（1）预制　在杯子的外壁用蜂蜜抹上一条线，在涂抹蜂蜜处撒上干桂花，把柠檬皮做成镂空的树叶状，卡在杯口处

（2）泡茶　将正山小种加入盖碗，注入沸水闷泡2分钟后出汤待用

（3）备料　在雪克杯中加入7块冰和15毫升的荔枝浓浆

（4）凉汤　出好后的茶汤，连着公道杯在剩余冰块的冰块碗中快速冷却茶汤

（5）调制　在雪克杯中加入15毫升茗酿茶酒和冷却后的茶汤

（6）摇制　单手将摇酒器拿起，利用手腕的力量，S型上下摇晃（同前述案例），直到完全听不到冰块击打的声音即可停止

（7）做型　将饮品出到杯中，最上面有覆盖一层雪白的沫泊，成品出

※ 秋意浓的调配过程

四、茶酒与茶、其他

风吹麦浪

配料

茗酿15毫升、凤凰单丛银花香（鸭屎香）4克、鲜橙汁20毫升、米汁酵素25毫升、薄荷叶1朵、干桂花10朵、冰块10粒

比例

茶：水为1：20

茶水：酒为7：1.5

主要器皿

盖碗、公道杯、摇酒器、冰块碗、咖啡匙、分酒器、冰块夹、腰型鸡尾酒杯（200毫升）

推荐饮用时间

夏秋

调饮步骤

（1）泡茶　将银花香凤凰单丛放入盖碗，注水，闷泡3分钟，出汤，冷却

（2）预调　将冰块、茗酿、米汁酵素、鲜橙汁及冷却的茶汤依次加入摇酒器中

（3）凉杯　在杯中加入适量冰块，达到冷却杯子的作用，待杯子冷却后倒出冰块

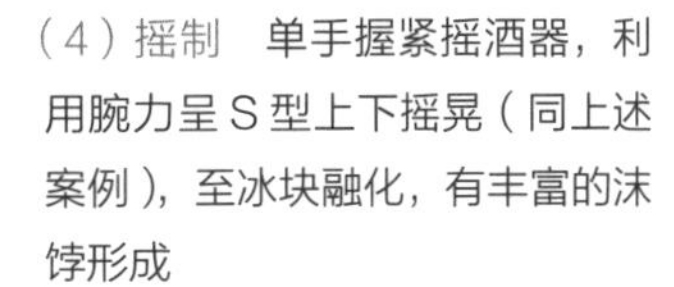

（4）摇制　单手握紧摇酒器，利用腕力呈S型上下摇晃（同上述案例），至冰块融化，有丰富的沫饽形成

（5）做型　将摇酒器中调制完成的饮品倒入鸡尾酒杯中，并加入薄荷叶、桂花点缀做型和提香，即可出成品

※ 风吹麦浪的调配过程

赤霞

配料

茗酿10毫升、树莓酵素25毫升、莫干黄芽（黄大茶）4克、树莓10颗、火龙果汁10毫升、柠檬片1片、蜂蜜10毫升、西柚片1片、碎冰1碗、冰块10粒

比例

茶：水为1：20

茶水：酒为7：1

主要器皿

盖碗、公道杯、摇酒器、盎司杯1只、冰块碗、咖啡匙、分酒器、冰块夹、扩口古典鸡尾酒杯（380毫升）、竹签

推荐饮用时间

春夏

调饮步骤

（1）预制　将8颗树莓捣碎成酱（可用现成的树莓酱代替）备用，用竹签串一片小三角形状倒西柚皮和1颗树莓备用

（2）泡茶　将莫干黄芽放入盖碗中，注水闷泡3分钟，出汤，冷却

（3）调配　将冰块、茗酿、蜂蜜、火龙果汁、捣碎的树莓酱、柠檬片、及冷却的茶汤分别倒入摇酒器中

（4）摇制　单手握紧摇酒器，利用腕力呈S型上下摇晃（同上述案例），至冰块融化

（5）凉杯　在杯中加入适量冰块，达到冷却杯子的作用，待杯子冷却后倒出冰块

（6）做型　在高脚杯中加入碎冰至1/3杯满，将摇酒器中调制完成的茶酒倒入高脚杯中，放入1颗树莓装点，在杯口放上串好的西柚树莓点缀做型，即可出成品

※ 赤霞的调配过程

晴云

配料

茉莉绿茶4克，茗酿茶酒20毫升，芦荟果肉70毫升，荔枝含果肉浓浆15克，蝶豆花水75毫升，茉莉花香酸奶100毫升，冰沙200克，冰块20块，薄荷叶一朵，绣球花瓣2~3朵

比例

茶：水为1：25

茶汤：酒为3：1

主要器皿

盖碗，公道杯，雪克杯（360毫升），敞口圆肚杯（380毫升），冰块夹，长柄勺，配料碟，盎司杯，量酒器，冰块碗

饮用时间

夏季

调饮步骤

（1）预制　提前泡好75毫升的蝶豆花水至深蓝色

（2）泡茶　将茉莉绿茶加入盖碗，注入沸水闷泡2分钟后出汤待用

（3）备料　在雪克杯中加入7块冰，再依次加入15克荔枝含果肉浓浆，75毫升蝶豆花水，待用

（4）凉杯　在杯中加入10块冰，待杯子冷却起雾后将冰块倒出

（5）凉汤　出好后的茶汤，连着公道杯在剩余冰块的冰块碗中快速冷却茶汤

（6）调制　在杯底加入70毫升的芦荟果肉；在雪克杯中加入20毫升的茗酿茶酒，最后倒入冷却的茶汤

（7）摇制　单手将摇酒器拿起，利用手腕的力量，S型上下摇晃（同前述案例），直到完全听不到冰块击打的声音即可停止

（8）做型　将摇制好的饮品倒入杯中，再依次放入冰沙和酸奶，最后加入蝶豆花水，放上薄荷叶好绣球花瓣做点缀，即可出成品

※ 晴云的调配过程

浓萃

配料

栀子绿茶茶汤40毫升，茗酿茶酒10毫升，雪碧100毫升，抹茶粉1.5克，糖2.5克，香茅草糖浆5克，柠檬糖浆5克，新鲜柠檬片6片，冰块15块

比例

茶汤：酒为4：1

主要器皿

雪克杯（360毫升），饮料杯（380毫升），量酒器，盎司杯，冰块夹，冰块碗，长搅拌勺，配料碟，滤网

饮用时间

夏季

调饮步骤

（1）预制　将抹茶粉加入雪克杯倒入热水搅拌，再加入9块冰块

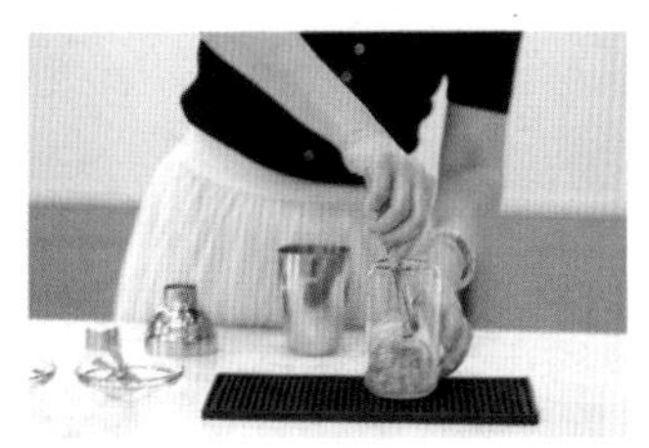

（2）备料　在成品杯中加入6块冰，把6片柠檬片顺着壁沿摆放

（3）调制　在雪克杯中依次加入香茅草糖浆、柠檬糖浆、冷却茶汤、茗酿茶酒和糖

（4）摇制　单手将摇酒器拿起，利用手腕的力量，S型上下摇晃（同前述案例），直到完全听不到冰块击打的声音即可停止

（5）做型　把雪碧加入杯中并且轻微搅拌，再把摇制好的饮品用滤网滤出到杯里，最后加入薄荷叶作装饰，成品出

※ 浓萃的调配过程

尾声 复调人生

——猖狂中的生命定力

EPILOGUE

一个有趣的现象贯穿了整部茶酒史。我们不止一次地发现，凡是那些酒诗写得出色的，也几乎必定是茶诗写得出色的。信手拈出几个，比如白居易、苏东坡、陆游，只道他们茶诗写得出色，孰料酒诗更为奔放。其实中唐以前的茶诗并不算多，也就50多首，当时的诗人爱酒是超过爱茶的。但“自从陆羽生人间，人间相学事春茶”，许多唐代早、中期诗人便在热爱喝酒的同时，也同时爱上了喝茶。如白居易现存诗歌有2800多首，其中涉及酒的有900多首，而以茶为主题、叙及茶事、茶趣的共60多首，白居易是个典型的爱酒也喜茶的人物。《唐才子传》中说他从来就是“茶铛酒杓不相离”，可见他的茶酒兼好。他的诗往往是茶酒不分家、也不争高下的，它们就那么珠联璧合地常常出现在一首诗中。在《自题新

昌居止因招杨郎中小饮》中，他说：“春风小榼三升酒，寒食深炉一碗茶”。在《和杨同州寒食坑会后闻杨工部欲到知予与工部有宿醒》又说：“举头中酒后，引手索茶时”。再一个茶酒不分家的就要算是苏东坡了，写过多少酒诗我们是数不清了，“明月几时有，把酒问青天”，上来就是酒和天。但在北宋文坛上，与茶叶结缘的人不可悉数，却又没有一位能像大文豪苏轼那样于品茶、烹茶、种茶均在行，对茶史、茶功颇有研究，苏轼十分嗜茶，茶助诗思，战睡魔，是他生活中不可或缺之物，故创作出近百首茶诗。

还有一位大诗人陆游，一生写诗近二万首，提起他的酒诗，谁不会想起他的《钗头凤》“红酥手，黄縢[①]酒。满城春色宫墙柳”；还有他的《游山西村》：“莫笑农家腊酒浑，丰年留客足鸡豚。山重水复疑无路，柳暗花明又一村。”以及亦茶亦酒的“昼眠初起报茶熟，宿酒半醒闻雨来。”

但知道陆游是爱茶之人，一生以茶入诗近三百首的读者，恐怕还是不多的吧。他的《临安春雨初霁》诗，人们一般多记得“小楼一夜听春雨，深巷明朝卖杏花”，却不知后面还有著名的“矮纸斜行闲作草，晴窗细乳戏分茶”之千古名句。

陆游生于茶乡，入闽为茶官，职务是提举福建常平茶事，署司在建州，即今福建建瓯市。建州制造贡茶的官焙有32所，以北苑为最佳，陆游尤喜建茶，他将对建茶的情感揉碾入诗，留下诸如：“绿地毫瓯雪花乳，不妨也道入闽来”“春残犹看少城花，雪里来尝北苑茶”等名句。陆游又十分景慕茶圣陆羽，因与陆羽同姓，自认家门，要与陆羽同号为桑苎子：“遥遥桑苎家风在，重补茶经又一编”“我是江南桑苎翁，汲泉闲品故园茶”“桑苎家风君勿笑，它年犹得作茶神”。

为什么这些大诗人都会既爱酒又爱诗呢？有人提出许多个人见解，例如白居易为何好茶，说是因为朝廷曾下禁酒令，所以长安酒贵，白居易买不起了；也有人说因为中唐贡茶兴起，白居易染了茶这个时尚。也有人认为因为白居易是艺术家，艺术家都是爱喝茶的。至于苏东坡、陆游爱茶，想来也差不多，要激发诗兴；加强修养；要清醒头脑，自我修养，以茶陶情，要以茶交友。要以茶沟通儒、道、释，从中寻求哲理。儒家以茶修德，道家以茶修心，佛家以茶修性，都是通过茶静化思

① 縢（téng）：封闭。

想，纯洁心灵。

但于编者想来，茶酒同饮的心态，应该是要复杂得多了。茶与酒，在此时显然是作为文化符号出现的，它代表了绝大多数中国知识分子的心理人格——一个情理同框的构建。之所以说绝大多数，是因为也有绝少部分诗人并非如此。比如李白，虽然写过唐代第一首直接写茶品的长诗《答族侄僧中孚赠玉泉仙人掌茶并序》，但其余的诗风多为狂放之句，类似于“仰天大笑出门去、我辈岂是蓬蒿人”这样的。当然也有如僧皎然那样的狷人，在《答李季兰》中公然拒绝美女求爱：“天女来相试，将花欲染衣。禅心竟不起，还捧旧花归。”狂是进取超越，狷是有所不为，其实就是一浪漫一保守罢了。但中国的知识分子绝大多数是在狂狷之间跳小步舞的，诗仙也只能有一个，还得有一个茶圣来相配，这样一种双子星座般的结构，起到了很好的平衡作用，由此保全了两种天才创造力，两种绝配之美。

茶与酒作用在一个有思想、有智慧、想有作为的中国人身上，就等于作用在中国文化上。中国是一个超级大的国家，人口如此众多，民族如此众多，地域如此广阔，历史如此悠久，文化如此厚重，一切的美好后面都有重负。如果没有这样的智慧、平衡、微调、狂狷，或者就倒洗澡水便把孩子一起倒掉了，或者一盆脏水把干净的孩子也洗得污七八糟。如果喝了人生之酒，你感情上来，意气用事，痛快淋漓之后，想到还有一盏茶可以解酒，使你回归理性，扳回孟浪，三省吾身，恢复常态，那么喝完这盏解酒的茶之后，就又有机会喝一次大酒了。因为人生是需要这样的自由精神、独立人格的。中国人就是靠这样的精神平衡走过这五千多年的，并且还将这样走下去，因为茶酒同饮已经成为中国人的基因需要。一个民族的饮料，就需要这样完全不同的两种。只不过现在我们又将它们放到一个杯子中去了。

精行俭德与奔放浪漫，渗透在一盏饮料中，这是茶酒想要给人的启迪，也是给人的难题，这就是人生，你永远在复调中生存，知白守黑，知雄守雌，你中有我，我中有你，循环往复，生生不息。

后　记

POSTSCRIPT

一切美好，都是跨越时空的共识

将中国茶酒文化编著成书，不仅是为了梳理、挖掘悠远的中国茶酒文化瑰宝，更希望能以历史的视角对未来进行审思，赋予文化以可感知的温度，研讨茶与酒基于文化、物质、技术与终极美学价值——健康的共生融合。结构经济时代，我们都需要努力做彼此成功的拼图，这一刻，茶与酒终于实现成就彼此。

浩瀚寰宇，仰望星空。天空中就有一个以酒命名的星宿为酒旗星，唐代李白在《月下独酌》中以“天若不爱酒，酒星不在天。”为酒者而歌。21世纪，第74届联合国大会宣布，自2020年起每年5月21日为“国际茶日”，以赞美茶叶的经济、社会和文化价值，这是以中国为主的产茶国家首次成功推动设立的农业领域国际性节日。一切的美好，都是跨越时空的共识与共享。茶与酒在历史的长河中不断地交织缠绵，是中华文明演进的重要参与者和推动者，更是华夏文明的基因密码。而茶酒融合共生的内在逻辑，我们可以从几个维度探寻可能。

以时间维度审思。上古时期记载的米酒浸茶是茶酒融合的开山鼻祖，但因浸提法制得的茶酒存在色不清、香不足、欠稳定等问题，使得茶酒未能得到持续发展。宋代豪放派诗人苏东坡“茶酒，采茗酿之，自然发酵蒸馏，其浆无色，茶香自溢……”的探索，茶叶发酵法，风味配制法等实践。延续并丰富了茶与酒形神兼备的融合进程。随着消费多元化的不断加剧，以茶制酒变成了文化、产业、健康等多重需求的最大公约数。

以空间维度审思。神秘的北纬30° 附近，孕育了华夏文明、古埃及文明、古巴比伦文明、古印度文明和玛雅文明，在这个植物优生带上，中华先民首先发现了神奇的东方树叶，也酿制出了醇厚的东方美酒。西方学者研究发现，古代文明唯有华夏文明繁衍昌盛至今而绵延不绝，恰是缘于茶的发现与酒的创造，也造就了中华文明独有的包容、同化、共生、共享的基因。健康、哲思与文明共生于特定时空，人类文明的演进因茶与酒的相融而变得那么自然、从容、优雅与美好。

以技术维度审思。20世纪80年代初，中华全国供销合作总社杭州茶叶研究院率先开始了茶与酒的跨界融合技术研究，经过四代专家的不断探索与攻关，成功创制出“茶香”“无色”“养生”型现代茶酒。2014年，国家卫生和计划生育委员会公布《全民健康素养促进行动规划》。泸州老窖股份有限公司抢抓发展机遇，将白酒传统酿制技艺、中华养生文化与现代生物科学技术相结合，率先布局大健康产业，与中华全国供销合作总社杭州茶叶研究院跨界协作，依托10个国家级专业平台，实现了茶、酒风味与功能协同，先后推出了“茶缘”“G20峰会定制酒”“茗酿”“萃绿”等系列茶酒产品，赢得了消费者的青睐。

以融合维度审思。中国数千年的茶、酒文化基本都是不同层面上的平行铺呈，融合交集甚少，“茶酒”文化更是无从述起。国家主席习近平在2014年提出著名的“茶酒论”，以“茶的含蓄内敛”和“酒的热烈奔放”来形象地比喻东西方不同文化内涵，主张“茶和酒并不是不可兼容的”。这些精妙的论述赋予茶酒文化以智慧的灵魂。作为行业的研究与实践者，从茶酒融合视角的文化探索，书写当代的中华茶酒文化，我们责无旁贷。基于此，笔者与泸州老窖总工程师沈才洪大师、茅盾文学奖获得者王旭烽教授共同开始了本书的构思、酝酿与编著。我们从茶酒起源与迭代考证、茶酒人生与诗词典故、茶酒药理成分与功效、茶酒现代升级与诠释及茶酒技艺与品鉴探索等方面着手，客观梳理茶酒的起源与发展，深度挖掘茶酒内含的技艺与品鉴融合文化，充分诠释新时代茶酒的文化内涵，助力茶酒系列产品文化溯源及品牌打造，为茶酒行业的可持续发展奠定坚实的文化基础。

本书是迄今唯一系统阐述中国茶酒文化及产业实践的论著。感谢编委会顾问专家、学者以各自专业视角给予的指导！万分感谢中国工程院院士刘仲华教授为本书作序，其“万丈豪情三杯酒，千秋伟业一壶茶”的对茶酒综合属性的诠释是对编者的最大肯定和激励。特别感谢我国食品文化学大家徐兴海教授为本书作序，其对茶、酒文化演进及产业融合的方向性指导意见架构出本书的核心逻辑框架。本书付梓之际，特别致谢泸州老窖企业文化中心、中华全国供销合作总社杭州茶叶研究院食品技术研究所、江南大学许正宏教授团队、浙江农林大学张海华教授、素业茶院团队、杭州草木人文创公司为本书编写付出的辛勤劳作。

本书涉及多门交叉学科，囿于编者学力之限，可能尚存有诸多不足之处，敬请诸君方家斧正为盼！

中华全国供销合作总社杭州茶叶研究院

学术委员会主任

张士康

2021年12月14日于杭州

附　录

APPENDIX

茗酿赋

自古好酒如好友，从来佳茗似佳人。清盎之美，始于耒耜[①]；茶之为饮，发乎神农[②]。酒乃五谷之精，茶系草木之华。酒浓而醉知己，茗香而识知音。举觞畅叙幽情，品茗论古谈今。君不见李白三杯通大道，卢仝七碗清风生[③]。

好山好水酿好酒，高山云雾出好茶。东坡好酿而《酒经》出；陆羽善饮而《茶经》传。天赐巴蜀好山水，巴山蜀水多俊才。古之先贤巧设酒坊酿茶浆[④]，今世酒圣科技创新茶酒香[⑤]。"七齐""八必"[⑥]传承古法，"五讲""四美"智慧之酿[⑦]。萃茗入酿，净雅天成；味柔香馨，醇和甘爽。

若夫君善饮，则必斟茗酿。一杯入口柔，二杯茶酒香，茶香幽韵、酒香氤氲，茶性含蓄内敛，酒性热烈豪放。茶酒得兼，和美共生[⑧]。

---

① 指酒的起源，语出《淮南子》。

② 指茶的起源，语出《茶经》。

③ 指卢仝茶诗名作《走笔谢孟谏议寄新茶》饮用七碗茶不同感觉的精彩描写。

④ 指苏东坡开设酒坊酿茶酒的梦想，语出米芾诗《过白鹤居》、袁枚诗《赋茶酒歌》，然苏东坡的设想终未能实现，却启发了后人。

⑤ 今人在苏东坡的启发下，通过科技创新，圆了其酿制茶酒的梦想。

⑥ 指由苏东坡创想的茶酒酿制法要义，即："七齐"——茶茗齐、曲药齐、甘果齐、水泉齐、陶器齐、炭火齐、人心齐；"八必"——人必知时节、水必甘软硬冲和、曲必得时而调、茶茗必实、陶必粗、器必洁、缸必湿、火必缓。

⑦ "五讲""四美"指中国酒业协会理事长宋书玉赞誉茗酿酒的"五讲"：中国酒业酿造技艺的传承代表，中国酒业科技进步的创新代表，梳理产业美好形象的品牌代表，中国酒业优质服务的服务代表和不忘初心、匠人酿造的品质代表；"四美"指的是茗酿酒的"融合美""品味美""自在美"和"匠心美"。

⑧ 引自国家主席习近平2014年在比利时布鲁日欧洲学院发表演讲："……茶的含蓄内敛和酒的热烈奔放代表了品味生命、解读世界的两种不同方式。但是，茶和酒并不是不可兼容的，既可以酒逢知己千杯少，也可以品茶品味品人生。"

南方有嘉木，江阳多佳酿。采茗酿之，酒蕴茶香，寻味东方，是为中国美酒——茗酿。

泸州老窖股份有限公司

2022年2月14日于酒城泸州

茗釀賦

自古好酒如好友，從來佳茗似佳人。清[illegible]之美始於耒耜，茶之為飲發乎神農。酒乃五谷之精，茶乃草木之華。酒濃而醇知己，茗香而識知音。舉觴暢敘幽情，品茗論古談今。君不見李白三杯通大道，盧仝七碗清風生。好山好水釀好酒，高山雲霧出好茶。東坡好釀而詠，經出陸羽善飲而茶、經傳。天賜巴蜀好山水，巴蜀從多俊才。古之先賢巧設酒坊釀茶漿，今世酒聖科技創新茶流序、七齋八必傳承古法，五講四美智慧，慧釀萃茗入釀。淨穆天成，味柔香馨。醇和甘爽若夫君，善飲則必斟茗釀一杯。入口柔，二杯茶酒香，茶[illegible]幽韻，酒香氤氳。茶性含蓄內斂，酒性熱烈豪放。萃沉得兼，和美共生。南方有嘉木，江陽多佳釀。采茗釀之，酒蘊茶香，尋味東方，是為中國美酒茗釀。

李寅撰賦
羅傑書之